国家自然科学基金项目(51808511)资助

立筒仓结构动态侧压力测试和有限元分析

张大英　著

西安电子科技大学出版社

内容简介

本书主要探讨立筒仓结构的动态侧压力测试方法和有限元分析方法。

本书简要阐述了当前立筒仓侧压力的试验测试方法和有限元分析方法的发展现状，以及有限元理论基础；系统地阐述了确定和设置材料本构模型、物料参数、散料与仓壁接触相互作用、接触边界、单元类型等的基本方法；详细地介绍了进行满仓贮料立筒仓结构的静态侧压力模拟和卸料动态侧压力模拟的数值分析方法，以及相应的测试方法和验证结果，还阐述了将计算侧压力作为工程用钢筋混凝土立筒仓的边界条件进行结构计算的方法和验证结果。另外，详细地介绍了地震作用下钢板仓模型动态侧压力、位移和加速度的有限元分析方法，以及进行地震模拟振动台试验的钢板仓模型设计、测点布置方案、加载工况设计等的实施方法。

本书可作为土木工程、农业工程、工程力学等领域从事结构计算、结构测试和有限元分析的科研人员及高等院校相关专业高年级本科生和研究生的参考书。

图书在版编目(CIP)数据

立筒仓结构动态侧压力测试和有限元分析 / 张大英著. --西安：西安电子科技大学出版社，2024.3

ISBN 978-7-5606-7187-1

Ⅰ. ①立… Ⅱ. ①张… Ⅲ. ①筒仓—建筑结构—侧压力—测试②筒仓—建筑结构—侧压力—有限元分析 Ⅳ. ①TU249.9

中国国家版本馆 CIP 数据核字(2024)第 039687 号

策　　划　吴祯娥
责任编辑　马晓娟
出版发行　西安电子科技大学出版社(西安市太白南路 2 号)
电　　话　(029)88202421　88201467　　邮　　编　710071
网　　址　www.xduph.com　　电子邮箱　xdupfxb001@163.com
经　　销　新华书店
印刷单位　陕西日报印务有限公司
版　　次　2024 年 3 月第 1 版　2024 年 3 月第 1 次印刷
开　　本　787 毫米×1092 毫米　1/16　印张　11.5
字　　数　189 千字
定　　价　49.00 元
ISBN 978-7-5606-7187-1/TU
XDUP 7489001-1

前　言

我国是世界粮食出口大国，粮食产业在国内生产总值中占有重要地位，粮食安全储藏也至关重要。立筒仓是贮存粮食、谷物、煤炭、建材等的重要仓储结构，尤其在作为粮仓使用时更是关系国计民生的重要工程结构。自 20 世纪 90 年代以来，我国的立筒仓建设进入了快车道。随着工程中贮料工艺要求的不断提高，钢筋混凝土立筒仓的直径也不断扩大，由 10～20 m 发展到 30～50 m，高度超过了 50 m。21 世纪初，我国开始大规模生产、制作和安装立筒仓，相关技术逐步提升，立筒仓在材料强度、结构性能和设计安全等方面都得到了大幅提高，尤其是在粮食、饲料等加工行业，立筒仓已成为现代化贮料的标志性仓储构筑物。立筒仓作为贮存粮食的重要结构型式，在未来一段时间内，全国大规模建设粮食立筒仓仍然是大势所趋，也是国家战略物资储备的需要。

从立筒仓使用情况来看，事故常有发生。除使用不当和施工质量问题外，对立筒仓进行合理的结构设计非常关键，其中最关键的问题就是正确计算贮料对仓壁的静态侧压力和动态侧压力。对立筒仓结构侧压力计算问题的研究，国内外有关专家、学者提出了各种各样的方法，尤其是卸料过程中贮料对仓壁的动态侧压力方面，取得了许多有价值的研究成果。Janssen 理论自提出以来，学术界一直给予高度重视，然而在实际卸料过程中曾多次出现筒仓破坏的事故，由此发现卸料时影响动态侧压力的因素较多，需要进一步研究不同情况下的动态侧压力计算问题。立筒仓是高耸细长的构筑物，风力作用、单边荷载等会造成立筒仓结构不稳定。进行结构设计时采用 Janssen 理论主要考虑贮料的静止状态，忽略贮料流动过程中的动态侧压力，然而，实际情况是当粮食从筒仓卸出时，内部压力的分布情况尤为复杂，即使有少量粮食从仓筒中卸出，仓壁上的侧压力也会有所增加，甚至增加 1～2 倍。早期从事立筒仓理论研究工作的还有美国的 Jenike，他认为贮料内部应力场发生了改变：装料时，贮料内部的主应力线接近竖直方向即主动态侧压力状态；卸料时，由于贮料失去支持，主应力线改变为接近水平方向即动态侧压力状态，并且在流动腔断面缩小处产生很大的集中压力(或称为转换力)。根据上述基本假定，Jenike 创建了一套计算水平侧压力的理论，该理论仍借助散体静力学极限平衡原理描述动态侧压力状态，因而这一方法也是十分粗略的。随后，世界各国的专家、学者纷纷进行立筒仓在卸料时的动态侧压力研究工作，对立筒仓在卸料过程中的侧压力增大机理也产生了不同的看法。一部分学者通过试验证实了贮料流动时会产生不同的流动形态，而流动形态不同对仓壁侧压力大小的影响也不同，并将贮料的流动形态分为两种类型：一种属于整体流动，即卸料时整个贮料随之而动；另一种属于管状流动(或称为漏斗状流动)，即卸料时贮料在其内部形成的流动腔中流动。贮料处于管状流动时产生的动态侧压力要大大小于整体流动时产生的动态侧压力。

早在 1997 年我国学者苏乐逍提出立筒仓在卸料时结拱会使仓壁侧压力增大的理论。他认为立筒仓在卸料过程中，贮料结拱阻碍拱以上部分贮料的流动，使其流动速度很快减为零，同时产生一与流速方向相同的惯性力，此惯性力与拱上部贮料重量全部由拱来承担，从而使仓壁在拱脚处受到比装料及贮料静止时大得多的压力。在贮料结拱时考虑到贮料与仓壁的弹性，压力的升高将会引起仓壁膨胀，并在紧邻拱线处形成一个膨胀区段，膨胀区段内可被压缩的贮料密度也将加大，从而在膨胀区段内增加一个新的容积，以容纳继续流来的一部分贮料。随着贮料的不断涌来，膨胀用波的形式把压力从成拱处向立筒仓上部传播，如果贮料及仓壁的弹性很小，那么膨胀区段内可以继续容纳贮料的容积就很小，以波形式传递压力升高的速度就相当快，因此压力升高的传播在钢筋混凝土筒仓内要比钢板筒仓内快。

贮料流动态侧压力问题，既超出了一般散体静力学的课题，又不同于浆体流动，其属于固体流动力学的范畴，涉及的因素繁多，虽有一些力学模型，但迄今为止，在世界范围内尚属未解决的研究课题。目前各个国家的仓储专家和学者对储粮压力的认识，特别是粮食在仓内的流动形态、动态效应等问题的认识并不完全一致，计算公式的推导分析方法不同，所采用的公式也不完全相同。但是，用一个合适的修正系数考虑动态影响的观点是基本一致的。

散体物料在筒仓内的运动规律比较复杂，目前为止尚未得到全面的了解和定量研究，各国的文献和设计规范中给定的修正系数也不尽统一，对修正系数取值的研究还只能局限于工程实测或试验测定。我国立筒仓设计规范中的修正系数是一个综合修正系数，考虑了卸料动态侧压力和贮料崩塌等因素。

总之，对立筒仓结构动态侧压力问题还有待进一步研究和认识，其理论分析和计算方法也有待深入研究和进一步完善。近年来各国学者和工程界专家都试图利用大型有限元软件对立筒仓的动态侧压力进行数值模拟，但同时将各种情况和多种因素都考虑在内难以实现，因此需要结合实际情况进行立筒仓动态侧压力的试验测试和有限元分析。

本书围绕立筒仓结构动态侧压力测试和有限元分析进行详细阐述。全书共九章，其中：第一章为绪论，主要简述国内外立筒仓侧压力的理论计算方法、试验测试方法和有限元分析方法，以及试验方法结合数值模拟方法计算立筒仓侧压力；第二章是有限元理论基础，主要介绍有限元法中的单元位移函数、单元刚度矩阵、单元等效节点荷载、刚性体和非线性分析；第三章为不同漏斗倾角立筒仓侧压力分布的有限元分析方法，主要包括立筒仓有限元模型的建立，立筒仓贮料为塑性时模拟卸料的静态侧压力模拟方法、动态侧压力模拟方法等；第四章为有机玻璃立筒仓模型测试，主要内容为立筒仓模型的制作、测试及测试结果分析等；第五章为工程用钢筋混凝土立筒仓结构的有限元分析，主要利用 ANSYS 有限元软件对工程用钢筋混凝土立筒仓进行单元类型、材料本构模型确定，然后对试验和模拟结果进行分析；第六章为钢板仓模型及其地震波加载设计，阐述了基于相似理论原理由钢板仓原型结构进行钢板仓模型设计的方法，采用量纲分析法推导了模型与原型的相似关系，介绍了模型配重设计方法、地震波选取方法和加载工况设计方法；第七章为钢板仓有限元建模方法及模型验证，主要介绍了利用 ABAQUS 有限元软件进行钢板仓模型各部件的建模方法、单元类型和材料参数等的确定方法，详述了模型的模态分析方法，以及根据模态分析结果初步验证数值模型正确性的方法，通过对比静态侧压力模拟值和理论值进一步验证了模型的合理性；第八章为地震作用下钢板仓模型动态侧压力的有限元分析，阐述了利用 ABAQUS 有限元软件进行地震作用下钢板仓模型在半仓和满仓工况下贮料对仓壁的侧压力计算方法，并详细介绍了半仓和满仓贮料工况下动态侧压力相对静态侧压力的增值和减值大小，计算地震作用下的动态超压系数；第九章为地震作用下钢板仓模型位移和加速度的有限元分析，阐述了利用 ABAQUS 有限元软件进行钢板仓模型在多组地震加载工况下的位移和加速度的时程计算方法，并详细介绍了空仓、半仓和满仓贮料工况下位移和加速度的变化规律，给出了位移和加速度放大系数。

本书所述内容主要是郑州航空工业管理学院土木与环境学院张大英负责的基于信息技术的结构优化与智能监测团队及带领的研究生团队和国家自然科学基金项目青年科学基金项目(51808511)的主持人张大英及主要参与者王树明在立筒仓结构动态侧压力测试和有限元分析的研究工作中长期积累的。此外，本书也引用了一些国内外的相关研究成果，以更全面系统地反映当前国内外在立筒仓结构动态侧压力测试和有限元分析方面的研究成果。

本书的出版得到了国家自然科学基金青年科学基金项目(51808511)、河南省高等学校青年骨干教师培养计划项目(2019GGJS173)、河南省科技发展计划项目(212102310284、182102110288、202102310579、222102320177、232102321010)、河南省高等学校重点科研项目(19A560026，22A560019)的资助，也得到了2018年度河南省高层次人才特殊支持“中原千人计划”项目(194200510015)、郑州航空工业管理学院研究生创新计划基金项目(2023CX93)、郑州航空工业管理学院的“高性能土木工程材料与环境”河南省高校工程技术研究中心和河南工业大学省级重点试验室“河南省粮油仓储建筑与安全重点试验室”的大力支持。

作者要特别感谢郑州航空工业管理学院土木与环境学院张大英带领的硕士研究生团队成员张帅枫和杨庆贺。

由于作者水平有限，书中难免存在疏漏和不足之处，敬请各位专家学者批评指正。

张大英

2023年9月于郑州

目　录

第一章

绪　论

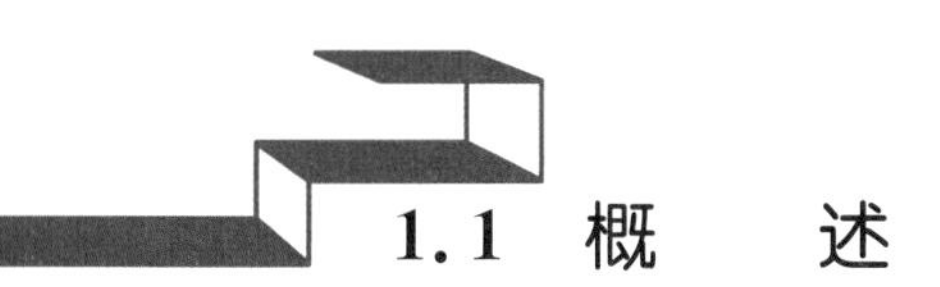

1.1　概　述

立筒仓是贮存散装物料的仓库，分农业立筒仓和工业立筒仓两大类。农业立筒仓用来贮存粮食、饲料等粒状和粉状物料；工业立筒仓用来贮存焦炭、水泥、食盐、食糖等散装物料。随着现代农业的发展，粮食产量不断增长，粮仓建设也得到了迅速发展。在我国现有粮食流通体制下，大量的粮食首先被储藏，然后进入流通领域。而立筒仓是粮食储藏向高空发展的一种仓型，具有占地少、机械化程度高、流通费用低等优点，是实现粮食流通现代化的主要仓型之一。

近年来，各国建造的钢筋混凝土立筒仓越来越多，单仓的容量也越来越大。我国钢筋混凝土立筒仓的建造规模也很大，但从使用情况来看，事故常有发生。造成立筒仓事故的原因除立筒仓使用不当、施工质量等问题外，还有一部分是对立筒仓仓壁的基本压力(静态侧压力)以及装卸料或地震过程中贮料对仓壁动态侧压力的合理确定问题。

关于贮料对仓壁的压力大小计算问题，国内外学者已经进行了长期、大量的研究工作。早在1895年，德国学者Janssen就提出，取立筒仓内贮料的微厚元静力平衡条件，可求得仓内贮料作用在仓壁上的压力，这就是著名的Janssen理论。自Janssen理论提出以来，学术界一直给予高度的重视，然而在实际工程中曾多次出现立筒仓装卸料过程中、地震作用下、风荷载作用下、温度作用下等的破坏事例。图1.1所示为立筒仓破坏案例。这些事故的发生说明使用Janssen理论计算的仓壁压力并不能满足所有的实际工程。当然，引起立筒仓破坏的原因是多方面的，而且是复杂的。例如，装卸料方式的不同会导致钢板仓内贮料流动特性产生较大差别，钢板仓无论在偏心卸料还是在中心卸料的条件下都有可能发生非轴对称散料流动，且目前人们对不同散料体流动的机理尚未完全掌握，加之使用工况的复杂性，由卸料引发的事故较多，如图1.1(a)所示。贮料对仓壁的竖向摩擦力过大也会引起立筒仓结构破坏，通常表现为结构自身的屈曲承载力不足，此时容易产生“象足式”破坏，如图1.1(b)所示。温度荷载对立筒仓结构的影响也较大，在进行结构设计时若忽略了温度附加荷载对立筒仓结构的不利作用，则在使用过程中立筒仓会发生倾覆破坏，如图1.1(c)所示。当钢板仓建造于郊外、港口、码头等氯离子或者风沙含量较大的空气环境中时，会加速仓壁的锈蚀，使得仓壁的有效厚度减小，降低壳体的承载能力，当钢板锈蚀达到一定程度时，加上贮料的内压会使钢板仓发生破坏，严重时会发生坍塌破坏，如图1.1(d)所示。地震作用对工程结构的影响不可忽略，对于立筒仓结构，其受水平地震作用的影响较大，当地震波传递到地面时，由于地面运动和上部结构的惯性，立筒仓支承结构承担的剪应力剧增，从而导致立筒仓被破坏，对于高径比较大的立筒仓，影响更大，如图1.1(e)、(f)、(g)所示。

(a) 偏心卸载导致失稳破坏

(b)“象足式”破坏

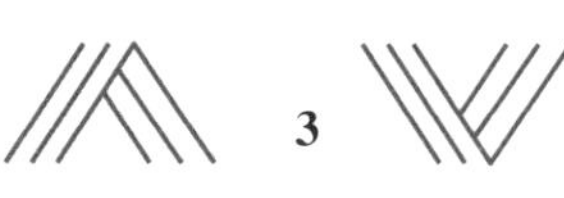

(c) 低温导致立筒仓发生倾覆破坏

(d) 锈蚀导致钢板仓坍塌破坏

(e) 地震导致立筒仓支承结构破坏

(f) 立筒仓仓壁屈曲发生倒塌破坏

(g) 土耳其大地震中立筒仓倒塌破坏

图 1.1 立筒仓破坏案例

从上述立筒仓破坏案例来看，风力作用、单边荷载等会造成立筒仓结构的不稳定，在进行立筒仓结构设计时如果不能合理确定粮食对仓壁的侧压力，则有可能造成事故隐患。Janssen 理论的不足之处在于只考虑了静止状态，没有考虑储粮在立筒仓中流动时的动态侧压力，实际中当粮食从立筒仓内卸出时，内部压力的分布情况变得尤为复杂，即使有少量粮食从立筒仓中卸出，仓壁上的压力也会有所增加，比静止状态时的压力增加 1～2 倍或更大。

从事立筒仓理论研究工作的还有美国的 Jenike，他认为贮料内部应力场的改变使得侧压力增大。装料时，贮料内部的主应力线接近于竖直方向即主动态侧压力状态；卸料时，由于贮料失去支撑，主应力线改变为接近水平方向即被动态侧压力状态，并且在流动腔断面缩小处产生很大的集中压力(或称为转换力)。Jenike 根据上述基本假定，创建了一套计算水平侧压力的理论，但该理论借助了散体静力学极限平衡的原理描述动态侧压力状态，因而是十分粗略的。

自 Janssen 理论提出之后，世界各国的学者对立筒仓在卸料时的压力有许多的研究，对立筒仓在卸料过程中压力增大机理也有不同的看法。很多学者通过试验证实了贮料流动时会产生不同的流动形态，而流动形态不同对仓壁侧压力大小的影响也不同。贮料的流动形态归纳起来可分为两种类型：一种属于整体流动，即卸料时整个贮料随之而动，如图 1.2(a)所示；另一种属于管状流动(或称为漏斗状流动)，即卸料时贮料在其内部形成的流动腔中流动，如图 1.2(b)、(c)所示。

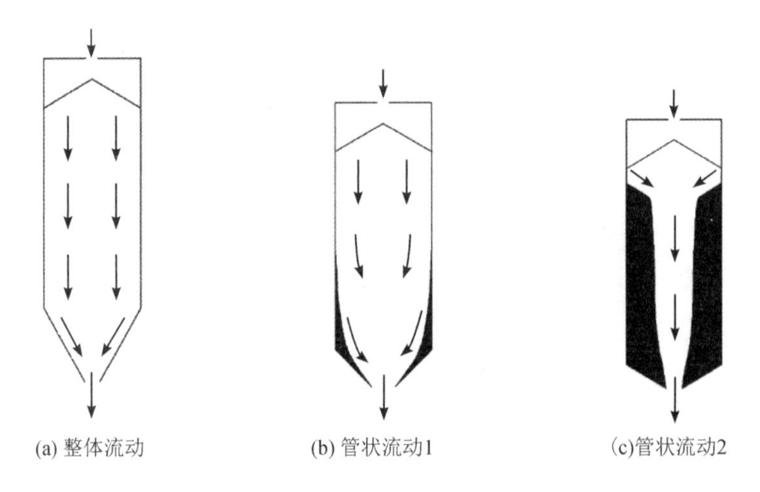

图 1.2 贮料的流动形态

贮料处于管状流动时所产生的动态侧压力要大大小于整体流动时所产生的动态侧压力。因此，本书在后续章节主要阐述对立筒仓结构的理论分析、侧压力计算和结构设计进行进一步研究和完善的相关成果。

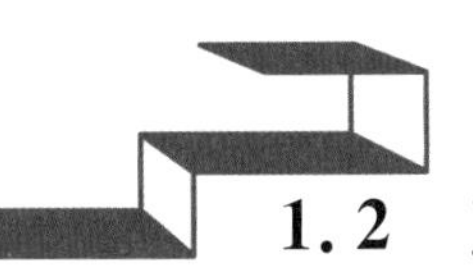

1.2　立筒仓侧压力的理论计算方法

1895年，Janssen取立筒仓内贮料的微厚元静力平衡条件，推导出了著名的Janssen公式。目前大多数国家的立筒仓设计规范仍然是在Janssen公式的基础上修正而成的。Janssen公式的基本假定如下：

（1）在立筒仓内同一水平面上各点的竖向压力是相等的。

（2）散体物料在任一点处的水平压力 p_h 与垂直压力 p_v 成正比，即

$$p_h = kp_v \tag{1.1}$$

（3）散体物料沿仓壁滑动的摩擦阻力为

$$\tau = \mu p_h + c_0 \tag{1.2}$$

其中，μ——贮料与仓壁的摩擦系数；

c_0——贮料与仓壁间的单位黏聚力。

（4）不计仓底的影响，即假定立筒仓为无限深仓。

（5）贮料是均匀密实、不可压缩的。

基于以上假定，Janssen公式为

$$p_h = \frac{\gamma\rho}{\mu}(1 - e^{-\mu ks/\rho}) \tag{1.3}$$

$$p_v = \frac{\gamma\rho}{\mu k}(1 - e^{-\mu ks/\rho}) \tag{1.4}$$

其中，p_h——深度 s 处作用于仓壁单位面积上的水平压力；

p_v——深度 s 处单位面积上的垂直压力；

γ——贮料的重力密度；

μ——贮料与仓壁的摩擦系数；

ρ——水力半径，$\rho=F/L$（其中 F 为立筒仓横截面面积，L 为立筒仓横截面周长；

k——主动侧压力系数，$k=\tan^2(45°-\varphi/2)$（其中 φ 为贮料的内摩擦角）；

s——贮料顶面或贮料锥体重心至所计算截面处的距离。

由于使用条件和实际工程的不同，Janssen 公式存在一定的局限性，具体表现如下：

(1) Janssen 假定侧压力系数 k 是常量，而实际上 k 是随着立筒仓的受荷载条件以及所处位置的不同而变化的；

(2) Janssen 假定立筒仓是无限深仓，忽略了立筒仓的边界条件对计算结果的影响；

(3) Janssen 公式主要计算立筒仓静态侧压力，尚未涉及立筒仓装料、卸料、地震作用时所引起的动态侧压力的计算。

1977 年，Jenike 将圆形立筒仓分为两部分——垂直部分和漏斗部分，他通过一系列图表的形式建立立筒仓的最大侧压力和贮料重度的比值与立筒仓的高径比关系以及立筒仓的直径与高径比关系来推算立筒仓的动态和静态侧压力。

对于漏斗部分，Jenike 采用与 Janssen 公式相似的方法得出了广义压力方程，通过改变 k 值将公式应用于不同的工况——静态贮存、动态卸载。其公式如下：

$$\sigma_n=\gamma k_h\left[\frac{h_0-z}{n-1}+\left(h_s-\frac{h_0}{n-1}\right)\left(\frac{h_0-z}{h_0}\right)^n\right] \tag{1.5}$$

其中：

$$n=(m+1)\left[k_h\left(1+\frac{\mu}{\tan\theta}\right)-1\right] \tag{1.6}$$

$$h_s=\frac{R}{\mu k}[1-e^{-\mu k\gamma/R}] \tag{1.7}$$

m——对称系数（对于平面流动，$m=0$；对于轴对称流动，$m=1$）；

R——筒仓半径；

θ——漏斗倾角。

对于静力问题：

$$k_h=\frac{\tan\theta}{\tan\theta+\mu} \tag{1.8}$$

对于动力问题：

$$k_{\mathrm{h}}=\frac{2(1+\sin\delta\cos 2\eta)}{2-\sin\delta[1+\cos 2(\alpha+\eta)]} \tag{1.9}$$

其中：

$$\eta=0.5\left(\varphi'+\frac{\sin\varphi'}{\sin\varphi}\right) \tag{1.10}$$

φ'——墙体摩擦角；

φ——有效内摩擦角。

Jenike 在 1987 年研究了不同流动形态下的速度梯度问题，认为如果速度梯度是零或无限大，则这种流动形态为管状流动；如果径向梯度是变化的，则这种流动形态为整体流动。另外，Jenike 认为在流动状态下，侧压力系数 k 是最大主应力与最小主应力的比值，而实际上主应力平面只有在立筒仓轴线上才存在。Jenike 假定无论是整体流动还是管状流动，侧压力分布曲线都是平滑的、统一的，但贮料本身的不均匀性及其分布的随机性导致了侧压力的分布也是不均匀的。

1976 年，Reimbert 根据试验结果，推导出了静力条件下立筒仓侧压力公式，其计算模型如图 1.3 所示。该压力公式如下：

$$q_{z}=\gamma\left[Y\left(1+\frac{Y}{C}\right)^{-1}+\frac{h_{s}}{3}\right] \tag{1.11}$$

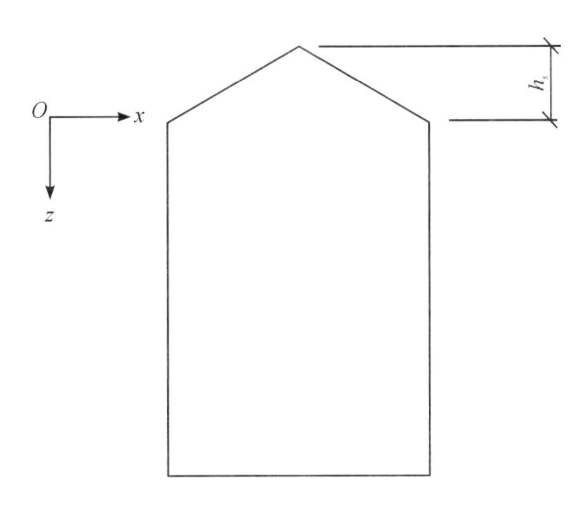

图 1.3 Reimbert 立筒仓计算模型

$$q_x=\frac{\gamma R}{\mu}\left[1-\left(1+\frac{Y}{C}\right)^{-2}\right] \tag{1.12}$$

其中，Y 为贮料深度，R 为筒仓半径，

$$C=\frac{R}{\mu k}-\frac{h_s}{3} \tag{1.13}$$

Reimbert 认为上述公式适用于立筒仓在装料、静止贮料时的压力计算。同时，他还考虑了立筒仓在卸料时所引起的超压情况，但并未给出超压系数。1980 年，Reimbert 提出了一种新的方法用于分析立筒仓的受力机制，包括立筒仓在偏心和不偏心卸料时的动态侧压力情况，并通过试验得出了超压系数。他认为超压系数主要取决于贮料的性状、排料口的形状以及立筒仓的高径比。

Reimbert 压力公式只是基于半经验的方法，并且所用试验材料是大麦，因此并不适用于所有贮料。

1997 年，苏乐逍以贮料及仓壁的弹性为研究问题的基础，讨论了弹性变形在卸料过程中对动态侧压力的影响。

她首先根据卸料初始结拱时流动贮料的动平衡，推导出了水平侧压力的计算公式，即

$$p_h=\frac{k}{A}(W-F_\tau+G) \tag{1.14}$$

式中：G——惯性力，即

$$G=\frac{W}{g}\cdot\frac{\mathrm{d}V}{\mathrm{d}t}=\frac{\gamma}{g}A(H-x)\frac{\mathrm{d}V}{\mathrm{d}t} \tag{1.15}$$

k——侧压力系数；

A——立筒仓横截面(拱壳投影面)面积；

F_τ——断面以上仓壁与贮料之间摩擦力的总和。

与稳定卸料状态(不考虑结拱的影响，贮料在自重作用下从立筒仓下部的卸料口连续均匀地排出)相比，在同一断面处，式(1.14)所显示的水平压力 p_h 因为结拱时惯性力的影响增加了一个值 Δp_h，即

$$\Delta p_h=k\frac{G}{A} \tag{1.16}$$

其中，Δp_h 为贮料水平侧压力升高值。因此可以得出结论：立筒仓卸料过程中结拱引起

压力的突然升高，主要是由于流动贮料的惯性所致。

苏乐道最后指出贮料及仓壁的弹性变形及其传播有助于破拱和削弱压力峰值，从而为立筒仓的压力计算提供了一定的理论计算依据。

1998年，刘定华等在Jenike和Reimbert研究的基础上认为立筒仓的侧压力曲线沿立筒仓高度方向是非线性变化的，他们假定侧压力系数 k 为

$$k_z = az^2 + b \tag{1.17}$$

其中，a，b 为系数，z 为贮料高度。根据边界条件得出

$$k_z = \frac{k_b - k_a}{H^2} z^2 + k_a \tag{1.18}$$

其中，k_a、k_b 分别为贮料的主动、被动侧压力系数，H 为筒仓仓壁高度。

在此基础上得出了立筒仓的侧压力公式：

$$p = \gamma g k_z \cdot \exp[-(mz^3 + nz)] \cdot \sum_{i=0}^{\infty} \int \frac{1}{i!}(mz^3 + nz)^i \mathrm{d}z \tag{1.19}$$

其中，g 为重力加速度。该公式由立筒仓模型试验得到了很好的验证。但从式(1.17)和式(1.18)看出，k_z 的分布曲线形状是二次曲线形式，这只是一种经验假设，并无实际的理论依据，且侧压力的大小只与摩擦角有关，而实际上影响侧压力的因素还有很多。

2000年，张家康和黄文萃从平衡条件和常系数假定出发，通过建立贮料压力微分方程，推导出了正倒锥漏斗、倒锥漏斗、正锥形仓筒及圆形仓筒的竖向压力计算公式，并给出了贮料压力特性指数新概念及相应测试数据，提出了依赖于贮料压力特性指数 ξ_i 的法向系数、侧压力系数计算公式，总结出了依赖于 ξ_i 的立筒仓贮料压力特性与分布规律。

2001年，A. Khelil等从理论研究和数值分析入手，研究了钢结构立筒仓在侧压力作用下的性能。他们针对立筒仓在满仓和卸料时的对称荷载情况，考虑了摩阻力引起的仓壁压缩，根据各种贮料的特性以及贮料与圆柱立筒仓壁之间的相互作用建立了平衡方程，并通过求解平衡方程得到了侧压力的分布特性。

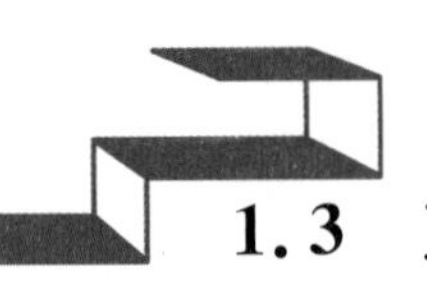

1.3 立筒仓侧压力的试验测试方法

试验测试是最能反映立筒仓实际受力情况的方法，目前国内外很多学者都致力于立筒仓的现场足尺试验和立筒仓模型试验的研究工作，其主要研究的问题是立筒仓仓壁侧压力和贮料的流动形态。

1938—1940年，苏联学者塔赫塔美谢夫对多处实体立筒仓进行了大规模试验。在试验过程中，他通过改变填仓速度、卸料状况、出料口布置等因素得出了极其复杂的仓内散粒体应力状态图形，并得出了以下结论：

(1) 在大多数情况下，立筒仓装满后仓壁上的压力值才接近于按Janssen公式求得的计算值。

(2) 当仓内的谷物经过几昼夜的贮存时，仓壁上的压力稍有减小。

(3) 大多数情况下，卸出谷物时，在平均三分之一仓高附近仓壁上的压力增大到静态压力的1.5～2.0倍。

(4) 在监视卸出谷物的过程中，当仓壁开裂的时候，塔赫塔美谢夫发现了压力脉动现象，并测得了脉动周期在6～25 min范围内变化。

1980年，R. Moriyama、T. Jokati利用圆柱形钢立筒仓将散粒体为粉状和颗粒状的玻璃球放在三个不同倾斜角度(锥顶夹角的一半分别是15°、45°和90°)的漏斗里进行试验。试验表明：

(1) 卸料速度的变化几乎与动压无关，但靠近圆柱体的收敛动压稍有增加，且与卸料速度成正比。

(2) 粉末物料作整体流动时，动压比静压高一点，而不像颗粒物料高很多。

(3) 物料呈管状流动时，动压峰值出现在仓壁的两处，即由整体流动变为管状流动的区域和靠近立筒仓出口的区域。

1994年，刘定华利用小模型立筒仓模拟了大型圆筒煤仓和冶金矿仓，立筒仓模型的仓壁高为600 mm，内径为300 mm，壁厚为5 mm。用内贴压力传感器测量立筒仓的侧压力情况。试验采用三个立筒仓模型，三个模型的直筒部分相同，而漏斗部分的漏斗口直径和漏斗高度两两相等，以对比漏斗参数变化对仓壁压力及仓内物料流动状态的影响。他还根据贮料对仓壁的动态压力的平衡条件建立了立筒仓仓壁动态压力的计算公式，该计算公式充分考虑了卸料时立筒仓应力状态与侧压力系数的关系，即立筒仓在卸料过程中，仓体内贮料由主动应力场向被动应力场过渡，相应的动态侧压力系数自上而下由主动侧压力系数转向被动侧压力系数。比较仓壁动态压力理论计算值与立筒仓模型的测试结果，得出：最大动态压力都发生在筒体下段，最大动态压力约为最大静态压力的 1.5 倍。同年，刘定华做了筒中立筒仓与单筒立筒仓的模型试验。他根据百余次仓壁侧压力的测试结果绘制出了仓壁动态与静态侧压力的分布曲线，并推导出了筒中立筒仓侧压力的计算公式。试验结果和计算分析都表明，筒中立筒仓的仓壁侧压力较单筒立筒仓有显著降低。

1998 年，屠居贤采用有机玻璃做成的深仓模型，分别对粒状煤、小麦和干砂进行了卸料试验。试验证明了大孔隙率贮料在立筒仓中的流动是从整体流动转变为管状流动的事实。仓壁最大侧压力发生在两种流动形态交界处而不是立筒仓根部。屠居贤还在试验基础上推导出了仓壁侧压力的计算公式。

1999 年，C. J. Brown 等做了方形立筒仓的模型试验，贮料为砂和大豆。他测出了立筒仓在装料、贮料、卸料状态时的应力、应变状态，并得出了如下结论：

(1) 作用在每一墙面上的侧压力并不相同，在墙与墙的交界处压力最大，而在墙的中心处压力最小(这是由方形的立筒仓结构及墙的挠曲造成的)。

(2) 墙的刚度对侧压力分布有较大的影响。

(3) 在装料过程中，竖直方向的剪力随着装料高度的增加而增加，但是水平方向的剪力非常小，这说明贮料的压缩方向是竖向的。在卸料过程中，贮料沿竖向膨胀，侧向压缩。

(4) 在漏斗的中部，法向压力和子午线上的摩擦力是很大的，水平方向的摩擦力则很小。

1999 年，张家康等提出了一种根据总摩擦力确定立筒仓贮料侧压力系数 k 的方法。通过两种仓壁情况下 k 值的测试分析结果及一组立筒仓贮料压力模型试验测试数据得出了以下结论：

(1) 按主动土压力系数确定侧压力系数的方法，取值偏低；

(2) 按考虑仓壁摩擦贮料微体平衡条件的公式计算侧压力系数，相对于低摩擦系数的仓壁取值也偏低；

(3) 采用相应测试 k 值按 Janssen 公式计算的贮料压力与模型试验测试数据相近。

2001 年，Z. Zhong 等制作了小尺寸的铝立筒仓模型，用大麦和一种塑性小球分别进行卸料流动形态试验，并得出结论：立筒仓装料过程中采用不同的装料方法对卸料的流动形态有很大的影响，立筒仓壁的应变也对应不同的流动形态。

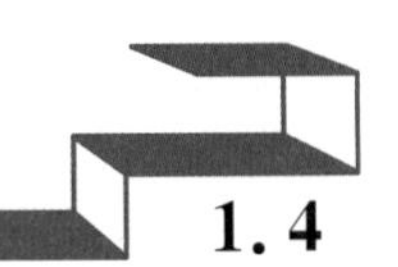

1.4 立筒仓侧压力的有限元分析方法

随着有限元法(FEM)的发展，很多学者将有限元法引入立筒仓的受力分析之中，且获得了丰硕的研究成果。

1994 年，Wieckowski 使用无抗拉强度的理想弹塑性模型，假设贮料服从 Drucker-Prager 非联合流动准则，采用 3 节点和 6 节点三角形单元的有限元法来模拟贮料。对于单元的大变形问题，他采用修正的 Lagrange 方程，通过不断划分网格的方法来解决贮料的流动问题。

1995 年，Rombach 采用 Euler 坐标系下的有限元法，贮料服从 Lade 准则。他使用该方法分析了卸料过程中立筒仓的侧压力分布、密度变化、速度场等问题，并发现卸载时超压现象的产生是在卸料后的一段时间，而不是平常所认为的瞬时。该方法的缺点是不能解决立筒仓卸料时的瞬时非线性问题。

1998 年，T. Karlsson 假设立筒仓内的贮料在静止和流动时的密度为常量，且服从 Mohr-Coulomb 屈服准则，从而采用 Euler 坐标系来模拟立筒仓在卸料瞬间的力场和位移场，并通过改变漏斗的尺寸和倾角以及装料高度来分析贮料的流动形态。

1988 年，曾丁认为立筒仓内的散体是服从 Mohr-Coulomb 屈服准则的理想弹塑性介质，散体与仓壁的摩擦属于 Coulomb 摩擦接触问题，从而建立了接触单元，从连续介质的角度出发，用有限元法模拟了散体对带漏斗的立筒仓的静态仓壁压力，并以静态解为初始条件，用给定位移的方式模拟了卸料初期的仓壁动压变化情况。

2000 年，F. Ayuga 和 M. Guaita 使用 ANSYS 分析了不同卸料模式及偏心卸料对立筒仓侧压力的影响。为了模拟材料卸料时的剪胀特性，材料的本构模型选用Drucker-Prager理想弹塑性模型。

2000年，J. Tejchman和T. Ummenhofer做了立筒仓的分层模型试验，并结合有限元分析方法，在数值计算时运用了能突出散体物料特性的硬塑本构关系，从而得出“单纯的数值模拟无法反映立筒仓受力的真实情况”的结论。

2000年，D. Briassoulis使用有限元法分析了立筒仓在受非对称荷载作用下的性能。他通过分析立筒仓在装料和卸料时受非对称荷载情况下筒壁的性能和应力的发展状态，认为立筒仓贮料能产生非对称压力的特性在立筒仓结构设计中是不能忽略的。

2001年，T. Nilaward在Lagrange坐标系下使用位移增量的方法，并引入Cosserat转动方程来更新每一时步刚体单元的平动、转动情况。该方法使用的贮料为理想弹塑性体材料，服从Drucker-Prager和von Mises非联合流动准则。

2002年，M. A. Martinez等运用有限元法对立筒仓进行了分析，他们从考虑物料的物理特性入手，采用不断更新、划分网格和单元的方法，选用Drucker-Prager和Mohr-Coulomb非联合屈服准则更好地计算出了立筒仓静态下的仓壁受力性能以及轴对称情况下卸料过程中的动态侧压力，并在结果符合标准的情况下进行了立筒仓在震动情况下的力学性能分析。

2008年，梁醒培等用有限元法对立筒仓进行了分析。他们选用的仓壁模型为刚性线，贮料选用服从Drucker-Prager准则的塑性材料模型，对立筒仓进行了静态压力和动态压力数值模拟，得到了沿仓壁和漏斗壁的静态和动态压力数据，并将模拟结果与测试数据、我国规范、Janssen公式和微力学离散元模拟结果进行了对比分析，结果表明有限元模拟结果与我国规范、Janssen公式、动态压力测试结果吻合良好。

2015年，周长东等基于亚塑性本构理论，采用ABAQUS软件对钢筋混凝土筒仓进行建模，主要分析了仓壁与散料颗粒体之间的静态压力。他们采用了基于von Wolffersdorff修正的亚塑性本构模型模拟了筒仓内的散料颗粒，并将数值模拟结果与我国规范、ISO规范、美国筒仓设计规范进行了对比。此外，他们还以不同参数为自变量进行了大量数值分析，探讨了散料颗粒、初始孔隙比、内摩擦角、摩擦系数、颗粒硬度和颗粒间应变对筒仓-散料静力相互作用的影响，证明了材料各项参数对筒仓与贮料之间相互作用有较大的影响。

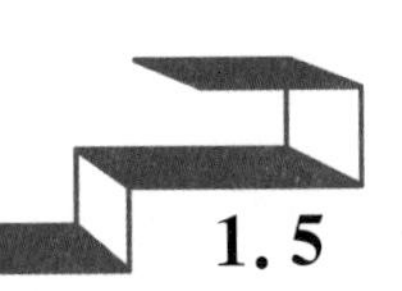

1.5 试验方法结合数值模拟方法计算立筒仓侧压力

仓体中的贮料对仓体产生的压力是立筒仓承担的主要荷载，贮料压力分为静态侧压力和动态侧压力。关于贮料压力的计算问题，国内学者已做了长期大量的研究，国外的研究历史更长。到目前为止，各国规范侧压力的计算都是以 Janssen 公式为依据的。Janssen 公式在计算静态侧压力时比较符合实际情况，但静态侧压力不能作为设计压力，因为卸料过程中贮料的流动使其对仓壁的动态侧压力远大于静态侧压力，立筒仓破坏或开裂也常在卸料过程中产生。

目前动态侧压力大于静态侧压力已被国内外大量的研究所证实，也为大家所公认，但是，如何计算动态侧压力却没有统一的标准，包括中国在内的各国立筒仓设计规范都是在 Janssen 公式的基础上综合考虑多方面因素后，采用修正系数的方法来计算动态侧压力的，且各国规范的修正方法和修正系数也不相同，系数选择往往因人而异、因国而异，因此亟需一种能快捷准确计算出立筒仓内贮料在静态和动态时对仓壁产生侧压力的方法。有限元数值模拟方法是一个已经相当成熟的先进计算方法，自问世以来获得了迅速发展，在科研和技术领域已被广泛应用，其计算的准确性也被国内外学者和工程界所广泛认可。如果将数值模拟方法与试验方法相结合，则更具说服力。为此，对于仓内贮料对仓壁产生的静态和动态侧压力问题，国内外学者进行了大量的试验结合数值模拟方法的研究工作，并取得了许多研究成果。

2017 年，张大英等通过相似理论原理设计了有机玻璃筒仓缩尺模型并进行了振动台试验，研究了筒仓在地震过程中的动态侧压力及超压系数；随后，该课题组采用 ABAQUS 有限元软件对筒仓的动态卸料过程进行了数值分析和试验测试，筒仓动态侧压力试验值大于静态侧压力，侧压力模拟值与计算值吻合度较好，验证了数值模拟技术的可行性，静态和动态侧压力试验和模拟结果均表明，随着测点距筒仓底部高度的增加，侧压力呈下降趋势。

2020 年，原方等进行了筒仓压力试验研究，对比了薄膜传感器和土压力传感器试验方法的测试精度，揭示了动态侧压力计算方法与增大机理，结果表明：静态侧压力试验结果与深仓规范值较为吻合，并计算了卸料过程中动态侧压力超压系数，其最大值达到 2.107。

2021 年，吴承霞等对不同贮料的筒仓卸料过程进行了研究，分析了不同贮料状态下仓壁的动态侧压力和超压系数，揭示了不同贮料状态卸料过程中动态侧压力的影响规律，结果表明：三种贮料的最大超压系数均出现在筒仓高度的 1/3 附近，大小分别为 2.27、1.52 和 1.24。

2021 年，冯永等以试验为基础，建立了颗粒流的离散元模型，研究了卸粮过程中速度场的时空变化，并对比分析了仓壁动态侧压力变化。研究结果表明：

（1）组合颗粒离散元模型卸粮时间增加，动态侧压力幅度变化增大；

（2）颗粒的水平速度波动与仓壁的动态侧压力波动呈同种变化趋势，且组合模型颗粒水平速度变化幅度较原模型更大；

（3）组合模型由于颗粒间空隙较小，中心颗粒转动角速度的增长幅度更大。

本书主要阐述用有限元模拟结合试验测试的方法研究立筒仓结构动态侧压力的相关成果。通过建立立筒仓模型，使用目前国内量程较小、精度高、线性好、工作稳定的压力传感器，以及比较先进的动态信号分析仪器，测量收集贮料对仓壁的静态和动态侧压力，得到静态和动态的侧压力分布规律。

目前使用有限元法分析贮料静态侧压力的研究较多，而使用有限元法模拟立筒仓动态卸料流动问题的报道文献相对较少。本书利用能够反映散体特性的材料模型，考虑贮料与仓壁之间的摩擦，使用有限元中网格重剖分的方法来解决贮料单元从出口流出时的大变形问题，使贮料尽可能多地流出，从而模拟得到贮料对仓壁的静态和动态侧压力的分布。

本书首先通过对有限元模拟和试验结果的分析提出侧压力的修正方法和有限元模拟方法，以使计算出的侧压力适用于实际情况；然后将用修正后的侧压力计算方法求得的侧压力应用于工程用钢筋混凝土立筒仓，通过静态的有限元计算，分析此立筒仓的受力性能，为工程设计提供理论计算依据；最后介绍实际工程常用钢板仓结构及由此进行缩尺设计的钢板仓模型结构，并对模型结构进行加载工况设计和有限元数值分析，阐述地震作用下钢板仓模型结构的动态侧压力变化规律及超压系数取值方法。具体内容如下：

（1）建立模型仓的有限元模型，选择符合散料特性的材料模型，设置仓壁和贮料的接触，选择合适的网格密度，使用网格重剖分功能解决贮料卸出时的大变形问题，计算得到贮料对仓壁的静态和动态侧压力分布，并和公式计算值进行对比。

（2）设计一立筒仓模型，仓壁用有机玻璃制作，其下部支撑和漏斗用钢材制作并和地面固定，做三种倾角分别为 60°、45°和 30°的漏斗，在仓壁内侧贴有高精度、低量程的压力传感器，使用国内先进的动态信号分析仪器收集试验数据。试验前对压力传感器进行仔细标定，对每种倾角的立筒仓进行多次静态和动态侧压力试验，得到立筒仓沿仓壁的静态和动态侧压力分布。将模拟结果和试验结果进行对比，得出静态和动态侧压力的分布规律，并根据试验和模拟结果对立筒仓规范中的侧压力计算公式进行修正。

(3) 将用修正后的侧压力计算方法求得的侧压力应用于一钢筋混凝土立筒仓，通过对此立筒仓进行静态的有限元计算，分析此立筒仓的受力性能，为工程设计提供理论计算依据。

(4) 基于相似理论原理，依据实际工程用钢板仓原型结构，进行钢板仓缩尺模型设计，推导模型结构和原型结构各物理参数的相似关系，并进行模型结构各连接件的设计；根据原型结构场地特征、抗震设防烈度、地震分组等，基于抗震试验方法标准，合理选取地震波，进行钢板仓模型地震模拟加载工况的设计。

(5) 利用 ABAQUS 有限元软件对钢板仓进行合理建模，并定义合理的本构模型、设置相互接触边界条件等，然后施加不同的地震波，进行地震作用下的动力时程分析，探讨半仓和满仓贮料工况下的动态侧压力变化规律，提出地震作用下的动态超压系数取值方法。

(6) 对立筒仓在空仓、半仓和满仓贮料工况时，不同抗震设防水准下有限元时程分析结果的位移和加速度响应进行探讨，阐述位移和加速度沿仓壁不同高度方向的变化规律，提出位移放大系数和加速度放大系数取值方法。

第二章
有限元理论基础

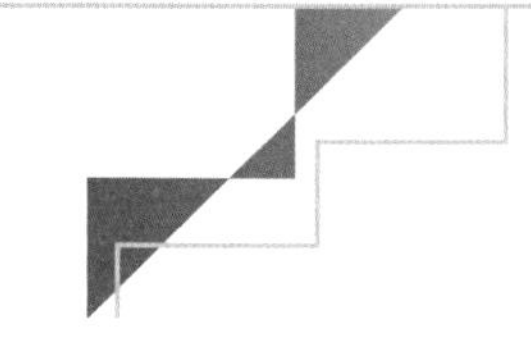

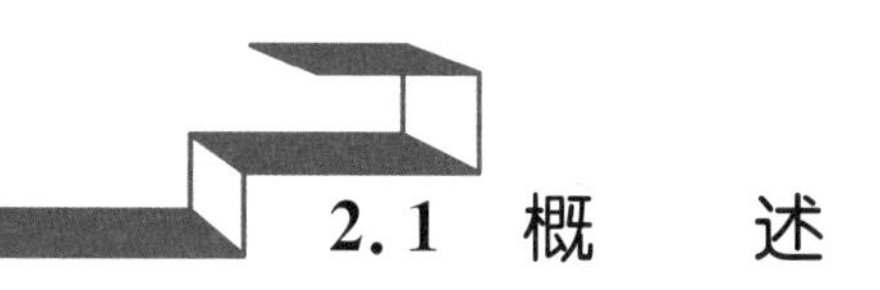

2.1 概　　述

有限元法始于20世纪50年代，最早使用于航天航空工程中的结构分析。由于有限元法具有通用性强等优点，它被逐步应用于连续介质力学以致于各种物理场分析。自有限元法问世以来，其他数值计算方法，如有限差分法、边界元法也是人们研究的热门技术，但有限元法的主流地位始终没有动摇过，自80年代初已有许多商品化有限元软件问世，目前有限元法已发展到相当成熟的程度，且早已被工程界所接受。

ABAQUS是一套功能强大的基于有限元法的工程模拟软件，其解决问题的范围从相对简单的线性分析到最富有挑战的非线性模拟。ABAQUS有可模拟任意实际形状的单元库以及各类型材料模型库，可以模拟大多数典型工程材料的性能，包括金属材料、橡胶、高分子材料、复合材料、钢筋混凝土、可压缩泡沫材料以及岩石和土这样的地质材料。作为通用的模拟分析工具，ABAQUS不仅能解决结构分析中的问题，还能模拟和研究各种领域中的问题，如热传导、质量扩散、电子元件的热控制、声学分析、土壤力学分析和压电介质力学分析。

2.2 有限元法

本章对立筒仓进行模拟，使用4节点的平面单元模拟立筒仓内的贮料，仓壁用刚性线模拟，考虑仓壁与贮料之间的接触。模拟计算分两步，第一步为贮料对侧壁的静态侧压力计算，第二步为卸料时的动态侧压力计算。本节介绍平面4节点单元的坐标变换、单元位移函数的构造、单元刚度矩阵的建立、等效节点荷载的计算及刚性线和接触非线性问题的基本原理。

2.2.1 单元位移函数

图2.1为一总体坐标系中的任意平面4节点单元，它是在结构上划分成的一个实际单元，以4个角点为节点。为了便于进行单元特性分析，建立一个边长为2的正方形单元(规则单元)，并在正方形单元的形心处建立一个局部坐标系 $O\xi\eta$(自然坐标系)，正方形单元的4个节点坐标 ξ_i 和 η_i 分别取值±1，并使两个坐标系下两个单元的角节点一一对应，这样 $\eta=\pm1$ 的边与实际单元的 $\overline{12}$ 和 $\overline{34}$ 边对应，$\xi=\pm1$ 的边与实际单元的 $\overline{41}$ 和 $\overline{23}$ 边对应，正方形单元内任意一点(ξ, η)也对应于实际单元的一个点(x, y)，从而通过坐标变换把实际单元映射为一个正方形单元，其坐标变换关系可以写为

$$\begin{bmatrix} x \\ y \end{bmatrix}^e = \begin{bmatrix} N_1 & 0 & N_2 & 0 & N_3 & 0 & N_4 & 0 \\ 0 & N_1 & 0 & N_2 & 0 & N_3 & 0 & N_4 \end{bmatrix} \begin{bmatrix} x_1 \\ y_1 \\ x_2 \\ y_2 \\ x_3 \\ y_3 \\ x_4 \\ y_4 \end{bmatrix} \tag{2.1}$$

其中，(x_i, y_i)，$i=1, 2, 3, 4$ 是总体坐标系中的节点坐标，N_i 是用局部坐标表示的形函数：

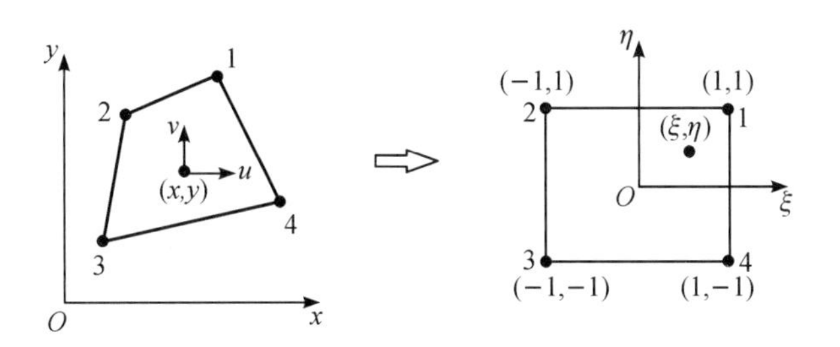

图 2.1 平面 4 节点单元

$$\begin{cases} N_1 = \frac{1}{4}(1+\xi)(1+\eta) \\ N_2 = \frac{1}{4}(1-\xi)(1+\eta) \\ N_3 = \frac{1}{4}(1-\xi)(1-\eta) \\ N_4 = \frac{1}{4}(1+\xi)(1-\eta) \end{cases} \tag{2.2}$$

式(2.1)是用实际单元的节点坐标(x_1，y_1，x_2，y_2，x_3，y_3，x_4，y_4)局部坐标插值表示实际单元内任意一点处的坐标(x，y)，这样就建立了正方形单元内任意一点(ξ，η)与实际单元中一个点(x，y)之间的一一对应关系，实际上是一种坐标变换方法。

按照有限元法，需要用节点位移表示单元内位移的单元位移函数，给出下列形式的单元位移函数：

$$\boldsymbol{u}^e = \begin{bmatrix} u \\ v \end{bmatrix} = \begin{bmatrix} N_1 & 0 & N_2 & 0 & N_3 & 0 & N_4 & 0 \\ 0 & N_1 & 0 & N_2 & 0 & N_3 & 0 & N_4 \end{bmatrix} \begin{bmatrix} u_1 \\ v_1 \\ u_2 \\ v_2 \\ u_3 \\ v_3 \\ u_4 \\ v_4 \end{bmatrix} \tag{2.3}$$

若令

$$\begin{cases} \boldsymbol{\delta}^e = [u_1 \quad v_1 \quad u_2 \quad v_2 \quad u_3 \quad v_3 \quad u_4 \quad v_4]^{\mathrm{T}} \\ \boldsymbol{N} = \begin{bmatrix} N_1 & 0 & N_2 & 0 & N_3 & 0 & N_4 & 0 \\ 0 & N_1 & 0 & N_2 & 0 & N_3 & 0 & N_4 \end{bmatrix} \end{cases} \tag{2.4}$$

则有

$$\boldsymbol{u}^e = \boldsymbol{N}\boldsymbol{\delta}^e \tag{2.5}$$

其中，$\boldsymbol{N}$ 为形函数矩阵，$\boldsymbol{\delta}^e$ 为单元节点位移列阵。

2.2.2 单元刚度矩阵

要计算等参数单元的刚度矩阵，首先要给出单元应变表达式，根据平面问题的几何方程，由式(2.5)可得单元内任意点(x，y)处的应变为

$$\boldsymbol{\varepsilon}^e = \begin{bmatrix} \varepsilon_x \\ \varepsilon_y \\ \gamma_{xy} \end{bmatrix} = \begin{bmatrix} \frac{\partial N_1}{\partial x} & 0 & \frac{\partial N_2}{\partial x} & 0 & \frac{\partial N_3}{\partial x} & 0 & \frac{\partial N_4}{\partial x} & 0 \\ 0 & \frac{\partial N_1}{\partial y} & 0 & \frac{\partial N_2}{\partial y} & 0 & \frac{\partial N_3}{\partial y} & 0 & \frac{\partial N_4}{\partial y} \\ \frac{\partial N_1}{\partial y} & \frac{\partial N_1}{\partial x} & \frac{\partial N_2}{\partial y} & \frac{\partial N_2}{\partial x} & \frac{\partial N_3}{\partial y} & \frac{\partial N_3}{\partial x} & \frac{\partial N_4}{\partial y} & \frac{\partial N_4}{\partial x} \end{bmatrix} \begin{bmatrix} u_1 \\ v_1 \\ u_2 \\ v_2 \\ u_3 \\ v_3 \\ u_4 \\ v_4 \end{bmatrix} \tag{2.6}$$

若令

$$\boldsymbol{B} = \begin{bmatrix} \frac{\partial N_1}{\partial x} & 0 & \frac{\partial N_2}{\partial x} & 0 & \frac{\partial N_3}{\partial x} & 0 & \frac{\partial N_4}{\partial x} & 0 \\ 0 & \frac{\partial N_1}{\partial y} & 0 & \frac{\partial N_2}{\partial y} & 0 & \frac{\partial N_3}{\partial y} & 0 & \frac{\partial N_4}{\partial y} \\ \frac{\partial N_1}{\partial y} & \frac{\partial N_1}{\partial x} & \frac{\partial N_2}{\partial y} & \frac{\partial N_2}{\partial x} & \frac{\partial N_3}{\partial y} & \frac{\partial N_3}{\partial x} & \frac{\partial N_4}{\partial y} & \frac{\partial N_4}{\partial x} \end{bmatrix} \tag{2.7}$$

则式(2.6)可以写为

$$\boldsymbol{\varepsilon}^e = \boldsymbol{B}\boldsymbol{\delta}^e \tag{2.8}$$

其中，$\boldsymbol{B}$ 为单元应变矩阵。令 $\boldsymbol{S}=\boldsymbol{D}\boldsymbol{B}$，根据物理方程，对应点处的单元应力为

$$\boldsymbol{\sigma}^e = \begin{bmatrix} \sigma_x \\ \sigma_y \\ \tau_{xy} \end{bmatrix} = \boldsymbol{D\varepsilon}^e = \boldsymbol{DB\delta}^e = \boldsymbol{S\delta}^e \tag{2.9}$$

其中，$\boldsymbol{S}$ 为单元应力矩阵。

有单元应变矩阵，就可根据虚位移原理得到平面 4 节点等参数单元的刚度矩阵计算公式，即

$$\boldsymbol{k}^e = \int_{V_e} \boldsymbol{B}^{\mathrm{T}} \boldsymbol{DB} \mathrm{d}V = \int_{A_e} \boldsymbol{B}^{\mathrm{T}} \boldsymbol{DB} t \,\mathrm{d}x \,\mathrm{d}y \tag{2.10}$$

其中，t 为单元厚度，V_e 为单元体积，A_e 为单元面积。

这里的刚度矩阵形式与平面问题是一样的，但由于形函数是自然坐标 ξ、η 的函数，而 $\boldsymbol{B}$ 中元素是形函数对整体坐标(x, y)的导数，所以，要计算形函数 N_i 对 x、y 的导数，就需要进行变换。根据坐标变换关系式(2.1)，按复合函数链式求导规则，有

$$\begin{cases} \dfrac{\partial N_i}{\partial \xi} = \dfrac{\partial N_i}{\partial x}\dfrac{\partial x}{\partial \xi} + \dfrac{\partial N_i}{\partial y}\dfrac{\partial y}{\partial \xi} \\ \dfrac{\partial N_i}{\partial \eta} = \dfrac{\partial N_i}{\partial x}\dfrac{\partial x}{\partial \eta} + \dfrac{\partial N_i}{\partial y}\dfrac{\partial y}{\partial \eta} \end{cases} \tag{2.11}$$

或用矩阵表示为

$$\begin{bmatrix} \dfrac{\partial N_i}{\partial \xi} \\ \dfrac{\partial N_i}{\partial \eta} \end{bmatrix} = \begin{bmatrix} \dfrac{\partial x}{\partial \xi} & \dfrac{\partial y}{\partial \xi} \\ \dfrac{\partial x}{\partial \eta} & \dfrac{\partial y}{\partial \eta} \end{bmatrix} \begin{bmatrix} \dfrac{\partial N_i}{\partial x} \\ \dfrac{\partial N_i}{\partial y} \end{bmatrix} = \boldsymbol{J} \begin{bmatrix} \dfrac{\partial N_i}{\partial x} \\ \dfrac{\partial N_i}{\partial y} \end{bmatrix} \tag{2.12}$$

式中，$\boldsymbol{J}$ 是雅可比矩阵，其中的元素可以利用坐标变换式(2.1)计算得到，即

$$\boldsymbol{J} = \begin{bmatrix} \sum \dfrac{\partial N_i}{\partial \xi} x_i & \sum \dfrac{\partial N_i}{\partial \xi} y_i \\ \sum \dfrac{\partial N_i}{\partial \eta} x_i & \sum \dfrac{\partial N_i}{\partial \eta} y_i \end{bmatrix} = \begin{bmatrix} \dfrac{\partial N_1}{\partial \xi} & \dfrac{\partial N_2}{\partial \xi} & \dfrac{\partial N_3}{\partial \xi} & \dfrac{\partial N_4}{\partial \xi} \\ \dfrac{\partial N_1}{\partial \eta} & \dfrac{\partial N_2}{\partial \eta} & \dfrac{\partial N_3}{\partial \eta} & \dfrac{\partial N_4}{\partial \eta} \end{bmatrix} \begin{bmatrix} x_1 & y_1 \\ x_2 & y_2 \\ x_3 & y_3 \\ x_4 & y_4 \end{bmatrix} \tag{2.13}$$

反之，对式(2.12)两边同时乘上雅可比矩阵的逆矩阵 $\boldsymbol{J}^{-1}$ 可以得到：

$$\begin{bmatrix} \dfrac{\partial N_i}{\partial x} \\ \dfrac{\partial N_i}{\partial y} \end{bmatrix} = \boldsymbol{J}^{-1} \begin{bmatrix} \dfrac{\partial N_i}{\partial \xi} \\ \dfrac{\partial N_i}{\partial \eta} \end{bmatrix} \tag{2.14}$$

其中，$\boldsymbol{J}$ 的逆矩阵为

$$\boldsymbol{J}^{-1}=\frac{1}{\det\boldsymbol{J}}\begin{bmatrix}\dfrac{\partial y}{\partial\eta} & -\dfrac{\partial y}{\partial\xi}\\ -\dfrac{\partial x}{\partial\eta} & \dfrac{\partial x}{\partial\xi}\end{bmatrix} \tag{2.15}$$

有了上述的转换公式，就可以根据式(2.12)求出应变矩阵 $\boldsymbol{B}$ 中的各个元素，从而计算单元应变矩阵和单元刚度矩阵。另外，式(2.10)中的积分域是总体坐标系 Oxy 中的四边形，还需要把积分域从总体坐标系 Oxy 的任意四边形转换到局部坐标系 $O\xi\eta$ 的规则正方形中，由坐标转换关系可得二者之间的微元面积关系：

$$\mathrm{d}x\,\mathrm{d}y=\det\boldsymbol{J}\,\mathrm{d}\xi\mathrm{d}\eta \tag{2.16}$$

式(2.10)就可以写为如下形式：

$$\boldsymbol{k}^{e}=\int_{-1}^{1}\int_{-1}^{1}\boldsymbol{B}^{\mathrm{T}}\boldsymbol{DB}t\det\boldsymbol{J}\,\mathrm{d}\xi\mathrm{d}\eta \tag{2.17}$$

考虑到单元插值形式，最后得到的单元刚度矩阵 $\boldsymbol{k}^{e}$ 是 8×8 的对称矩阵，且式(2.17)的被积函数是局部坐标 ξ、η 的函数，积分域是边长为 2 的正方形，积分限是 -1 到 1，即积分域规则，积分限简单。但是，$\boldsymbol{B}$ 和 $\det\boldsymbol{J}$ 通常都是函数矩阵，难以求得解析表达式，所以，等参元刚度矩阵的积分计算一般采用高斯数值积分。式(2.17)的高斯数值积分形式为

$$\boldsymbol{k}^{e}=\sum_{i=1}^{n_i}\sum_{j=1}^{n_j}\phi(\xi_i,\ \eta_j)w_i w_j \tag{2.18}$$

其中，n_i、n_j 为高斯积分点数，$\phi(\xi_i,\ \eta_j)=t_{\mathrm{e}}(\boldsymbol{B}^{\mathrm{T}}\boldsymbol{DB})_{ij}$ 为被积函数在积分点$(\xi_i,\ \eta_j)$处的值，w_i、w_j 为高斯积分的权系数。

2.2.3 单元等效节点荷载

1. 体积力

单元体积力的等效节点荷载计算公式为

$$\boldsymbol{F}_{g}{}^{e}=\int_{A_e}\boldsymbol{N}^{\mathrm{T}}\boldsymbol{g}t_{e}\,\mathrm{d}x\,\mathrm{d}y \tag{2.19}$$

其中，$\boldsymbol{g}=[g_x\quad g_y]^{\mathrm{T}}$ 是单元体积力的列阵。

因为形函数 $\boldsymbol{N}$ 是 ξ、η 的函数，积分同样需要转换到局部坐标系 $O\xi\eta$ 中，所以，将

式(2.16)代入式(2.19)，就能得到局部坐标系中单元体积力的等效节点力计算公式：

$$F_g^e = t_e \int_{-1}^{1}\int_{-1}^{1} N^{\mathrm{T}} g \det J \, d\xi d\eta \tag{2.20}$$

2. 表面力

表面力的等效节点力计算公式为

$$F_q^e = \int_{L_e} N^{\mathrm{T}} \{q\} t_e ds \tag{2.21}$$

若 q 为垂直于表面的表面力集度，且为常量，则可将表面力集度 q 分解为两个方向的分量：$q = [q_x \quad q_y]^{\mathrm{T}}$，且积分沿作用有表面力的单元边界进行。

假定表面力所在的边对应于 $\eta=1$ 的边，令 n 为表面力所在边(ξ, η)点处的外法线，则

$$n = \frac{1}{\sqrt{\left(\frac{\partial x}{\partial \xi}\right)^2 + \left(\frac{\partial y}{\partial \xi}\right)^2}} \left[-\frac{\partial y}{\partial \xi} \quad \frac{\partial x}{\partial \xi}\right]^{\mathrm{T}} \tag{2.22}$$

进一步，有

$$q = -qn = \frac{-q}{\sqrt{\left(\frac{\partial x}{\partial \xi}\right)^2 + \left(\frac{\partial y}{\partial \xi}\right)^2}} \left[-\frac{\partial y}{\partial \xi} \quad \frac{\partial x}{\partial \xi}\right]^{\mathrm{T}} \tag{2.23}$$

而积分微弧长：

$$ds = \sqrt{\left(\frac{\partial x}{\partial \xi}\right)^2 + \left(\frac{\partial y}{\partial \xi}\right)^2} \, d\xi \tag{2.24}$$

将式(2.23)、式(2.24)代入式(2.21)，可得到局部坐标系中单元表面力的等效节点荷载计算公式：

$$F_q = -t_e \int_{-1}^{1} N^{\mathrm{T}} q \begin{bmatrix} -\frac{\partial y}{\partial \xi} \\ \frac{\partial x}{\partial \xi} \end{bmatrix} d\xi \tag{2.25}$$

因为假定表面力所在的边对应于 $\eta=1$ 的边，这时式(2.25)中的 N_3、N_4 等于 0，所以，积分只沿 $\eta=1$ 的边(相当于实际单元的 $\overline{12}$ 边)，计算结果为在节点 1、2 上产生的等效节点荷载。

2.2.4 刚性体

刚性体可以用于模拟非常坚硬的部件，该部件既可以是固定的，也可以发生任意大的刚体运动。刚性体还可以用于模拟变形部件之间的约束，提供指定接触相互作用的简便方法，也可以作为一种理想化的物理模型。本次模拟中将立筒仓的仓壁视作刚性体。

一个刚性体的运动是由单一节点控制的——刚性参考点，它有平动和转动的自由度。每一个刚性体只能有一个刚性参考点。刚性体参考点的位置一般不重要，除非要在刚性体上施加旋转或希望得到绕刚性体某一个轴的反力矩，在这种情况下，节点必须通过刚性体的某一个理想轴上。

除了刚性参考点外，离散的刚性体还包含由指定单元生成的节点和刚性体的节点集合体。这些节点称为刚性体从属节点，提供了刚性体与其他单元的连接。刚性体的节点如下：

(1) 销钉节点，它只有平动自由度；

(2) 束缚节点，它有平动和转动自由度。

刚性体的节点类型取决于这些节点附属刚性体单元的类型，当节点直接布置在刚性体上时，也可以指定或修改节点类型。对于销钉节点，仅是平动自由度属于刚性体部分，刚性参考点的运动约束了节点这些自由度的运动。对于束缚节点，平动和转动自由度均属于刚性体部分，刚性参考点的运动约束了节点的这些自由度。

定义在刚性体上的节点不能被施加任何的边界条件、多点约束或者约束方程，但边界条件、多点约束、约束方程和荷载可以施加在刚性参考点上。

1. 刚性单元库

三维四边形和三角形刚性单元用来模拟三维刚性体的二维表面，也有 2 节点的刚性梁单元。

2. 自由度

只有刚性体的参考点才有独立的自由度：对于三维单元，参考点有 3 个平动和 3 个转动自由度；对于平面和轴对称单元，参考点有自由度 1、2 和 6(绕 3 轴的转动)。附属到刚性体单元上的节点只有从属自由度，从属自由度的运动完全取决于刚性体参考点的运动。对于平面和三维刚性单元只有平动的从属自由度。

3. 物理性质

所有的刚性单元都必须指定截面性质：对于平面和刚性梁单元，可以定义横截面面积；对于轴对称和三维单元，可以定义厚度，而厚度的默认值为0。只有在刚性单元上施加体力时才需要这些数据，或在求解中定义接触时才需要厚度值。

4. 数学描述和积分

刚性单元不能变形，因此不需要数值积分点，也没有可选择的数学描述。

5. 单元输出变量

这里没有单元输出变量。刚体单元仅输出节点的运动，另外，在刚性参考点处可以输出约束反力和反力矩。

2.2.5　非线性分析

非线性结构问题是指结构的刚度随其变形而改变的问题。所有的物理结构均是非线性的，线性分析只是一种简便的近似，对设计来说通常已经足够了，但对于很多结构，包括加工过程的模拟、碰撞问题及橡胶部件的分析等，线性分析是不够的。

在结构力学的模拟中有三种非线性模拟：物理非线性、几何非线性、边界非线性。

1. 物理非线性

物理非线性是由材料应力应变关系非线性引起的，如非线性弹性、弹塑性和黏弹塑性。实践中也有很多类似的物理非线性问题，例如，金属塑性成形问题，需要利用金属材料的塑性变形特点，压制出满足需要的结构形状，充分发挥材料的潜力。

对非线性弹性问题，应力应变关系依然是一一对应的，但不再保持线性关系。例如，金属材料单向拉伸试验得到的 Romberg-Osgood 模型为

$$\varepsilon = \frac{\sigma}{E} + k\left(\frac{\sigma}{E}\right)^{n} \tag{2.26}$$

式中，E 为初始模量，k、n 为拟合参数。这类问题的求解与普通线性弹性问题的有限

元分析过程相比，差别只表现在应力应变关系方面，许多线性弹性问题的有限元方程依然对非线性问题适用。

对小变形物理非线性问题，应变位移关系依然成立，即

$$\boldsymbol{\varepsilon} = \boldsymbol{B}\boldsymbol{d} \tag{2.27}$$

利用虚功方程可以得到如下应力形式的平衡方程：

$$\int_V \boldsymbol{B}^{\mathrm{T}} \sigma \mathrm{d}V = \boldsymbol{F} \tag{2.28}$$

将非线性的应力应变关系和几何方程式(2.27)代入式(2.28)，则可得到非线性的位移平衡方程：

$$K(\boldsymbol{d})\boldsymbol{d} = \boldsymbol{F} \tag{2.29}$$

最终，非线性问题变为一个非线性方程组的求解问题。求解非线性方程组的方法有很多，常见的有直接迭代法、牛顿法、拟牛顿法、荷载增量法、弧长法等。其中，直接迭代法(也称割线刚度法)形式简单，但存在收敛速度慢、迭代过程不稳定、严格依赖于迭代初值选取等缺点，实际工程计算中用的不多；牛顿法(也称切线刚度法)具有收敛速度快的优点，拟牛顿法则在此基础上提高了计算效率；弧长法克服了牛顿法不能越过结构非线性平衡路径上极值点的缺点，能有效解决跳跃和跳回现象，比较适合分析几何大变形和结构软化问题；荷载增量法不同于直接迭代法和牛顿法，它从问题的初值出发，随外部荷载按增量形式逐步增大研究结构的运动和变形，因此特别适合求解与加载过程有关的力学问题(如弹塑性问题)。此外，荷载增量法在使用时常与其他方法相结合，比如牛顿法和荷载增量法相结合构成具有牛顿迭代的增量法。

2. 几何非线性

几何非线性问题是由变形过大引起的一类问题。根据变形大小，几何非线性弹性问题可以分为：

(1) 大应变问题；

(2) 小应变、大转动问题；

(3) 小应变、小转动，但转动的平方和应变大小同量级；

(4) 小应变、小转动，但转动和应变大小同量级。

有限变形问题的有限元分析如下：

以初始构形为参考构形，将初始构形进行单元离散，则

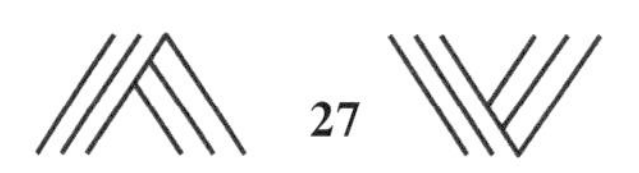

$$
\begin{cases}
\boldsymbol{X} = \boldsymbol{N}\boldsymbol{X}^{e} \\
\boldsymbol{u} = \boldsymbol{N}\boldsymbol{d}^{e}
\end{cases}
\tag{2.30}
$$

式中，$\boldsymbol{X}$ 和 $\boldsymbol{u}$ 分别为单元内任意点处的坐标和位移，$\boldsymbol{X}^{e}$ 和 $\boldsymbol{d}^{e}$ 分别为单元节点的坐标和位移，$\boldsymbol{N}$ 为插值形函数。

将式(2.30)代入大变形情况下的 Green 应变可以得到

$$
\boldsymbol{E} = (\boldsymbol{B}_{\mathrm{L}} + \boldsymbol{B}_{\mathrm{N}})\boldsymbol{d}^{e} = \boldsymbol{B}\boldsymbol{d}^{e} \tag{2.31}
$$

其中，$\boldsymbol{B}_{\mathrm{L}}$ 和 $\boldsymbol{B}_{\mathrm{N}}$ 分别是线性和非线性部分的转换矩阵。

假设材料的本构满足关系式：

$$
\boldsymbol{S} = \boldsymbol{D}\boldsymbol{E} \tag{2.32}
$$

那么，把插值关系式代入虚功方程最终可以得到如下增量形式的刚度方程：

$$
\boldsymbol{K}_{\mathrm{T}}\Delta\boldsymbol{d} = \Delta\boldsymbol{F} \tag{2.33}
$$

其中，$\boldsymbol{K}_{\mathrm{T}} = \boldsymbol{K}_{\mathrm{DL}} + \boldsymbol{K}_{\mathrm{DN}} + \boldsymbol{K}_{S}$ 是总切线刚度矩阵，$\boldsymbol{K}_{\mathrm{DL}}$ 是小位移刚度矩阵，$\boldsymbol{K}_{\mathrm{DN}}$ 是大位移刚度矩阵，$\boldsymbol{K}_{S}$ 是由应力状态 $\boldsymbol{S}$ 引起的初应力矩阵，$\Delta\boldsymbol{F}$ 是增量等效节点荷载。

3. 边界非线性

边界非线性问题一般是由边界面移动引起的，这类问题最典型的就是接触问题，如齿轮啮合、金属板冲压/弯曲成型，图 2.2 为金属板材弯曲成型示意图。由于接触问题常常存在复杂的边界条件，如接触面变化、接触压力变化，很难采用解析方法求解，必须借助于数值方法。在求解接触问题的各种数值方法中，有限元法是最常用且有效的方法。

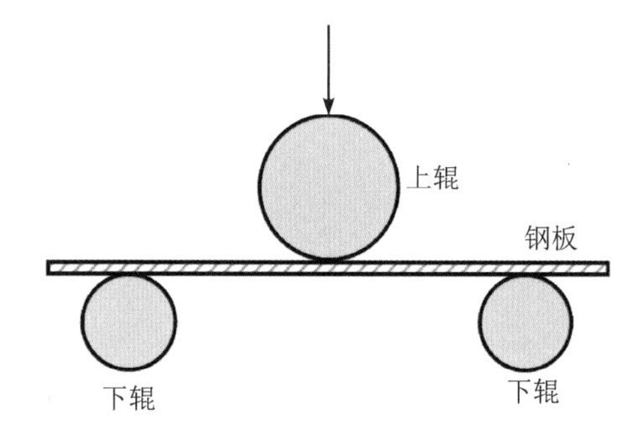

图 2.2　金属板材弯曲成型示意图

为了有效分析接触问题，一般采取如下的假定简化分析过程：

（1）接触表面几何上是光滑连续的曲面；

（2）接触表面摩擦作用服从库仑定律；

（3）接触表面的力和位移边界条件均可用节点参量描述；

（4）接触表面的弹性流体动力润滑作用通过摩擦系数来体现。

对于接触问题，除了要满足固体力学基本方程以及相应的定解条件外，还必须满足接触面上的两个接触条件：一是接触体在接触面上的变形要协调，不能出现相互嵌入；二是要符合摩擦条件。

对于接触或即将接触的物体，其界面状态可以分为分离状态、黏结接触状态以及滑动接触状态。对于这三种状态，接触条件（力条件和位移条件）各不相同，三种接触状态在实际接触时又可互相转化，导致接触问题高度非线性。

对非线性接触问题，在进行有限元分析时，需要对接触物体进行网格剖分，并规定在初始接触面上，接触物体在接触面上对应节点的坐标位置相同，形成接触点对。采用增量迭代法，根据前一增量步的结果和当前增量步的荷载条件，把接触面上的不等式约束改为等式约束并引入方程组求解，进而转入下一增量步。

第三章
不同漏斗倾角立筒仓侧压力分布的有限元分析方法

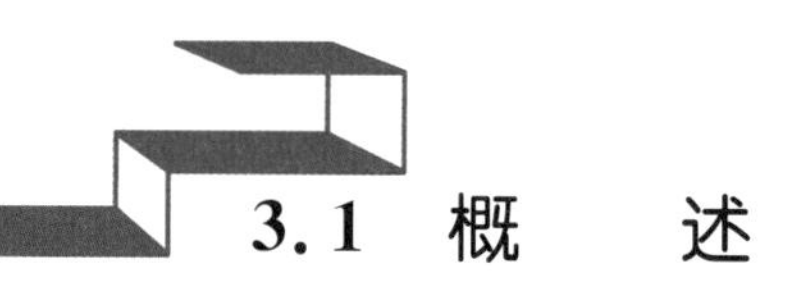

3.1 概　　述

立筒仓在使用过程中筒体会出现裂缝甚至破坏，出现此类事故的主要原因是，卸料过程中散体贮料作用于仓壁强大的水平侧压力，对此各国专家曾采用有限元法进行了大量的研究。

1995年，Rombach采用Euler坐标系统下的有限元法，贮料服从Lade准则。他使用该方法分析了卸料过程中立筒仓的侧压力分布、密度变化、速度场等问题，并发现卸载时超压现象的产生是在卸料后的一段时间，而不是平常所认为的瞬时。该方法的缺点是不能解决立筒仓卸料时的瞬时非线性问题。1998年，曾丁认为立筒仓内的散体是服从Mohr-Coulomb屈服准则的理想弹塑性介质，散体与仓壁的摩擦属于Coulomb摩擦接触问题。因此，他通过建立接触单元，从连续介质的角度出发，用有限元法模拟散体对带漏斗立筒仓的静态仓壁侧压力，以静态解为初始条件，用给定位移的方式，模拟了卸料初期的仓壁动态侧压力变化情况。2008年，梁醒培等用有限元法进行了分析，他们选用的仓壁模型为刚性线，贮料选用符合Drucker-Prager准则的塑性材料模型，对立筒仓进行了静态压力和动态压力数值模拟。

本章模拟采用有限元法，仓壁为刚性，建立模型时为一刚性线，分别考虑弹性和塑性两种本构模型模拟贮料在静态时对仓壁的侧压力，考虑贮料为塑性时模拟贮料在卸料过程中对仓壁的侧压力，卸料过程中漏斗出口处贮料的网格会产生较大的变形，模拟中采用自适应网格的方法使贮料能流出较多并减小对计算结果产生的误差。考虑贮料为塑性，分两个时间步对卸料时的动态侧压力进行了模拟。

3.2 立筒仓有限元模型的建立

3.2.1 立筒仓模型的尺寸与贮料的物理特性

本章模拟的立筒仓为试验中使用的模型仓，具体尺寸：立筒仓仓壁高为 1.2 m；立筒仓的外径为 0.5 m；仓壁厚 0.005 m；漏斗壁与水平面的夹角为 60°、45°、30°三种不同的形式。试验中立筒仓内装满标准砂，标准砂的物理特性参数：重力密度 $\gamma=17.4\ kN/m^3$；内摩擦角 $\varphi=30°$；标准砂与仓壁的摩擦系数为 0.4，仓壁为有机玻璃，该有机玻璃的弹性模量 $e=3000$ MPa，泊松比 $\mu=0.3$，重力密度 $\gamma=10\ kN/m^3$。

3.2.2 有限元模型的建立

立筒仓为一轴对称结构，建立有限元模型时取其剖面的一半建模，模型分两部分：仓内贮料为一对称的平面单元，单元名称为 CAX4R；由于仓壁比贮料的刚度大的多，建模时作为一刚性线，选用 ABAQUS 有限元软件进行计算。

仓内贮料为标准砂，模拟中贮料用两种材料模型计算并对比：一种考虑贮料为弹性的，选其弹性模量为 2×10^5 Pa，泊松比为 0.4；另一种考虑贮料为塑性的，选用子午线为线性的 Drucker-Prager 模型模拟贮料。线性的 Drucker-Prager 模型由三个应力不变量表示，在偏平面上采用非圆形屈服面拟合三轴拉伸和压缩屈服数值，同时提供了偏平面上相关联动的非线性流动、单独的剪胀角和摩擦角。屈服函数为

$$F=t-p\tan\beta-d=0 \tag{3.1}$$

其中：

(1) β 为摩擦角。

(2) 黏聚力 d 与输入的硬化参数有关。若由单轴受压屈服应力 σ_c 定义硬化：

$$d=\left(1-\frac{1}{3}\tan\beta\right)\sigma_c \tag{3.2}$$

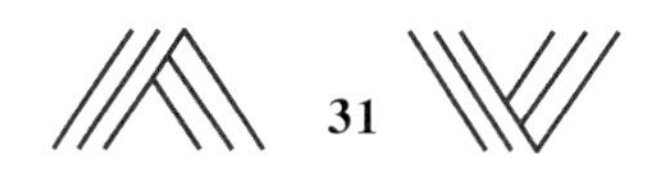

若由单轴受拉屈服应力 σ_t 定义硬化：

$$d=\left(\frac{1}{k}+\frac{1}{3}\tan\beta\right)\sigma_t \tag{3.3}$$

若由剪切值(黏聚力)定义硬化，可认为式(3.2)和式(3.3)中的 d 相等。

① k 为三轴拉伸屈服应力与三轴压缩屈服应力之比，该值控制着屈服面对中间主应力值的依赖性，$0.778\leqslant k\leqslant 1.0$。

② D，σ_c，σ_t 作为各向同性硬化参数，取决于等效塑性应变。

(3) t 为偏应力的度量参数，可以由不同的应力状态确定，如拉应力状态或压应力状态。t 的定义如图 3.1 所示。

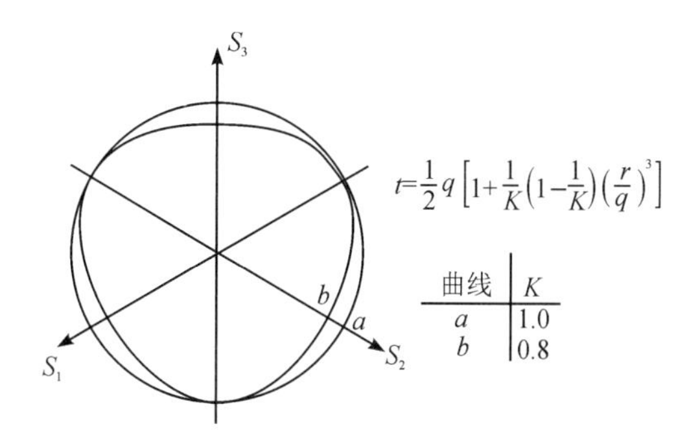

图 3.1　偏应力的定义

图 3.2 为 Drucker-Prager 模型在 $p-t$ 平面上的摩擦角与剪胀角，β、d、c、φ 之间的关系如下。

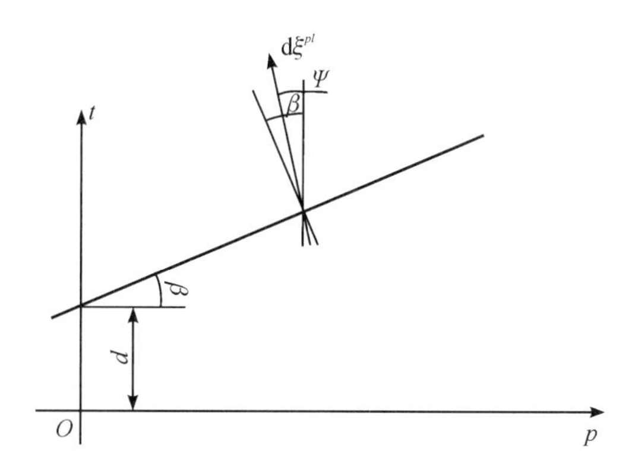

图 3.2　Drucker-Prager 模型在 $p-t$ 平面上的摩擦角与剪胀角

（1）关联流动时：

$$\tan\beta = \frac{\sqrt{3}\sin\varphi}{\sqrt{1+\frac{1}{3}\sin^2\varphi}} \tag{3.4}$$

$$\frac{d}{c} = \frac{\sqrt{3}\cos\varphi}{\sqrt{1+\frac{1}{3}\sin^2\varphi}} \tag{3.5}$$

其中，c 为内聚力，φ 为内摩擦角，Ψ 是 $p-t$ 平面上的膨胀角。

（2）非关联流动时：

$$\tan\beta = \sqrt{3}\sin\varphi \tag{3.6}$$

$$\frac{d}{c} = \sqrt{3}\cos\varphi \tag{3.7}$$

本次模拟的标准砂为粒状材料，使用线性的 Drucker-Prager 模型时一般在 $p-t$ 平面上采用非相关流动法则，其膨胀角小于摩擦角，即 $\Psi<\beta$。计算中认为该标准砂为不可压缩的非膨胀材料，所以膨胀角 $\Psi=0$，且无弹性应变，砂粒间为非黏结性的，因此模拟中的内聚力 c 应取一较小的值。k 值控制了屈服面对中间主应力的依赖性，模拟计算时标准砂不受拉力即散料间无拉应力，取 $k=0$ 屈服面在 π 平面上为 von Mises 应力圆，即拉伸应力与压缩应力相等。模拟中黏聚力 d 与受压屈服应力之间的关系如式(3.2)，取屈服压应力为 10 Pa。

贮料与仓壁之间用接触单元来模拟，即贮料单元与仓壁间设置接触。为避免贮料单元渗透入仓壁，模拟时在接触设置中选用有限的滑动选项。该接触计算法属于几何非线性计算方法。

3.3 立筒仓静态侧压力模拟方法

3.3.1 考虑贮料为弹性时的静态侧压力模拟方法

建立如图 3.3～图 3.5 所示的有限元模型，模拟贮料在静态作用下对立筒仓的侧压力。将贮料考虑为弹性体，在材料参数设置中输入弹性模量为 2×10^5 Pa，泊松比为

0.4，设一个时间步，建立贮料单元和仓壁之间的接触，设置仓壁和贮料间的摩擦系数为0.4，对贮料单元施加重力，同时设置边界条件如图3.6所示。对模型进行网格剖分时应先设置剖分尺寸，沿仓壁从上往下设置逐渐加密的网格尺寸，对沿1轴的线设置自左往右逐渐加密的网格，使贮料单元网格在仓壁和漏斗处较密。通过有限元求解得到考虑贮料为弹性时的静态侧压力结果。

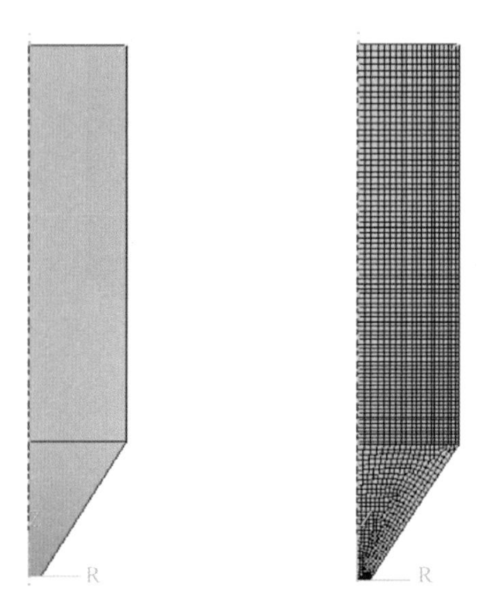

图3.3　60°倾角模型仓有限元模型

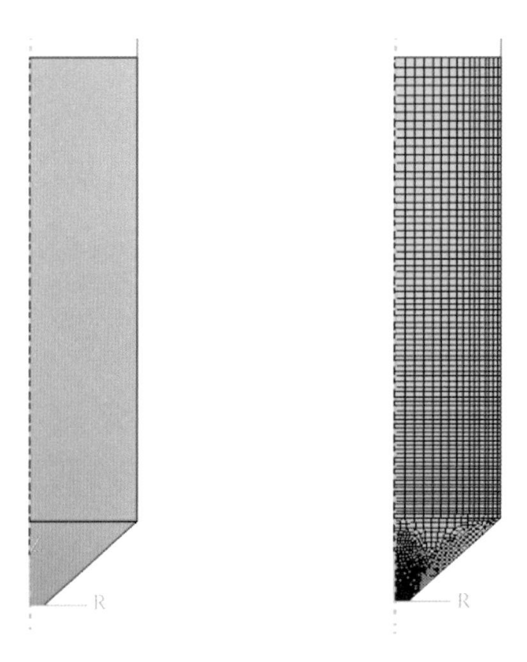

图3.4　45°倾角模型仓有限元模型

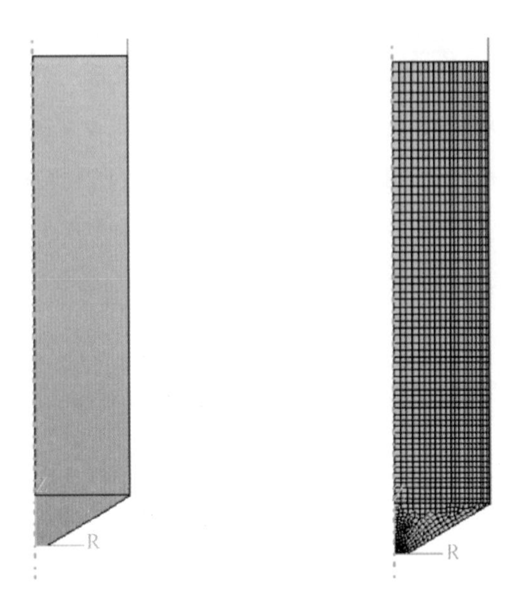

图 3.5　30°倾角模型仓有限元模型图

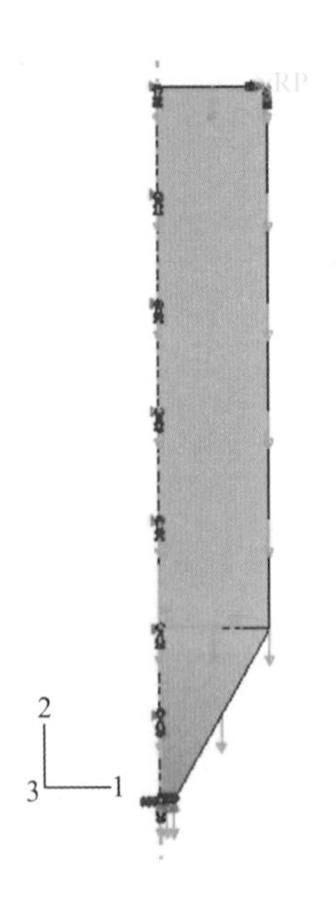

图 3.6　60°倾角模型仓的边界条件示意图

将计算结果和 Janssen 理论计算值进行比较，Janssen 理论中计算贮料对仓壁的水平侧压力公式为

$$p_{\mathrm{h}}=\frac{\gamma\rho}{\mu}(1-\mathrm{e}^{-\mu ks/\rho}) \tag{3.8}$$

其中，k 为主动侧压力系数，

$$k=\tan^2\left(45^\circ-\frac{\varphi}{2}\right) \tag{3.9}$$

不同国家规范中对 k 值的取法不同，得到的侧压力系数也不相同。

ISO 的立筒仓工作小组曾根据各国立筒仓规范和立筒仓静态侧压力试验的实际情况，拟订了立筒仓中散料压力(静态侧压力)的标准，该标准将侧压力系数改为

$$k=1.1(1-\sin\varphi) \tag{3.10}$$

该规范仍用式(3.6)计算静态侧压力。

本章将按式(3.8)和式(3.9)计算得到的侧压力值记为 Janssen1-static，将按式(3.8)和式(3.10)计算得到的侧压力值记为 Janssen2-static。

图 3.7 为贮料在自重作用下产生的 Mises 应力分布图。可以看出，30°、45°、60°漏斗倾角下自重产生的 Mises 应力分布趋势稍有不同，45°和 60°倾角最大应力位于仓壁和漏斗的交接处，而 30°倾角时应力最大值位于漏斗和仓壁交接处的上部，且漏斗倾角越大，产生的 Mises 应力也越大。

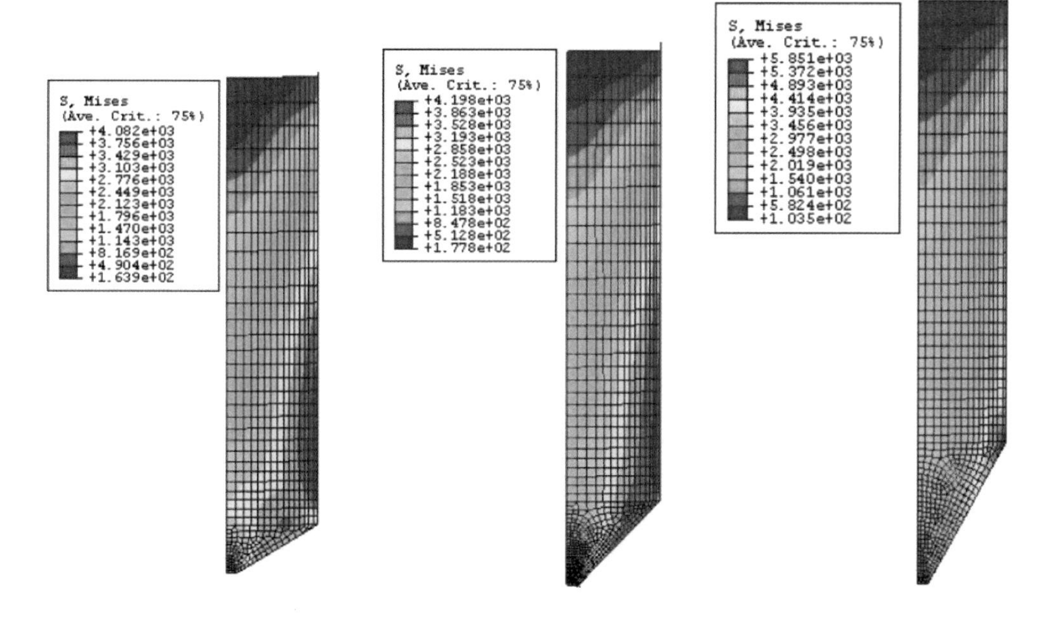

图 3.7　贮料静态时的 Mises 应力分布(弹性计算)

图 3.8 为考虑贮料为弹性时不同倾角漏斗的静态侧压力分布，其中，FEM-30-ES、FEM-45-ES、FEM-60-ES 分别表示漏斗倾角为 30°、45°、60°时的有限元计算静态侧压力值。

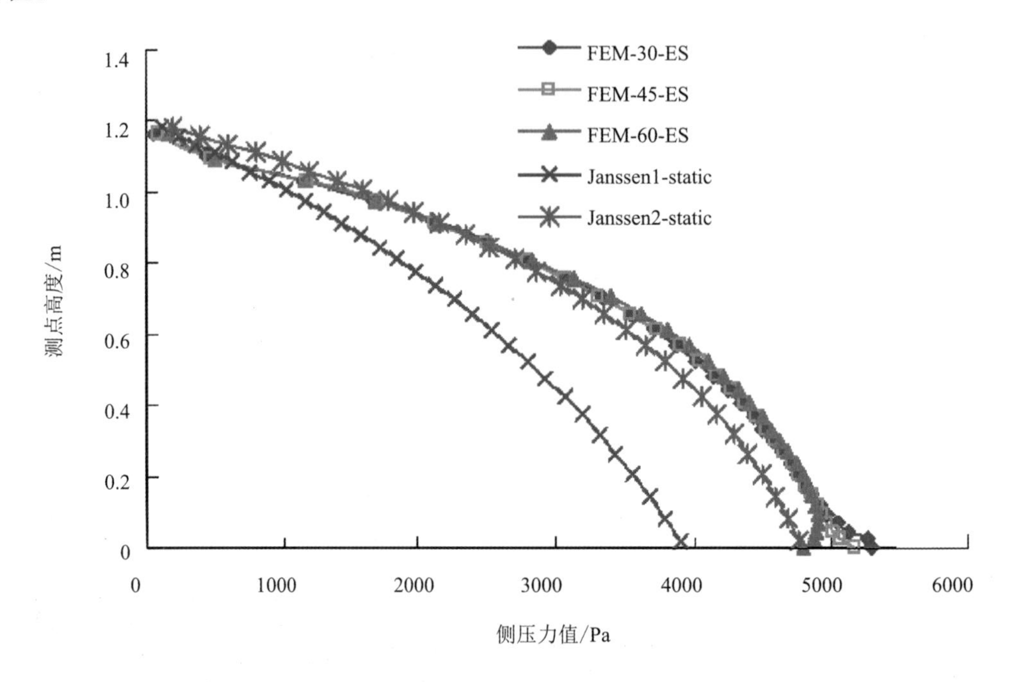

图 3.8 考虑贮料为弹性时的静态侧压力分布

由图 3.8 中的数据分析可知：

(1) 30°、45°、60°倾角漏斗的 FEM 侧压力值在 0.12 m 高度以上十分接近。在仓壁和漏斗的交接处：30°倾角漏斗的 FEM 侧压力最大，60°倾角漏斗的 FEM 侧压力最小且在此处有减小趋势。

(2) 30°、45°、60°倾角漏斗的 FEM 侧压力值除仓壁顶部外均比 Janssen1-static 大。三种漏斗倾角的 FEM 侧压力值在 0.85 m 高度以上小于 Janssen2-static，而在 0.85 m 高度以下均大于 Janssen2-static。

3.3.2 考虑贮料为塑性时的静态侧压力模拟方法

建立有限元计算模型如图 3.3～图 3.5 所示，定义的边界条件如图 3.6 所示，考虑贮料为塑性时选取的材料参数如表 3.1 所示，建立贮料单元和仓壁之间的摩擦系数为 0.4，选择有限滑动选项，剖分网格，然后进行求解计算。

表 3.1　考虑贮料为塑性时材料参数取值表

参数名称	参数值
密度	1740 kg/m^3
弹性模量	2×10^5 Pa
泊松比	0.4
内摩擦角	30°
流动应力率 k	1
膨胀角 Ψ	0
质量阻尼	0.2
屈服应力	10 Pa

图 3.9 是考虑贮料为塑性时自重作用下产生的 Mises 应力分布图。分析图 3.9 中的数据可知：考虑贮料塑性时三种不同倾角漏斗的立筒仓计算得到的 Mises 应力小于弹性计算的应力，但应力分布趋势基本相同，且漏斗倾角越大，产生的 Mises 应力最大值也越大。

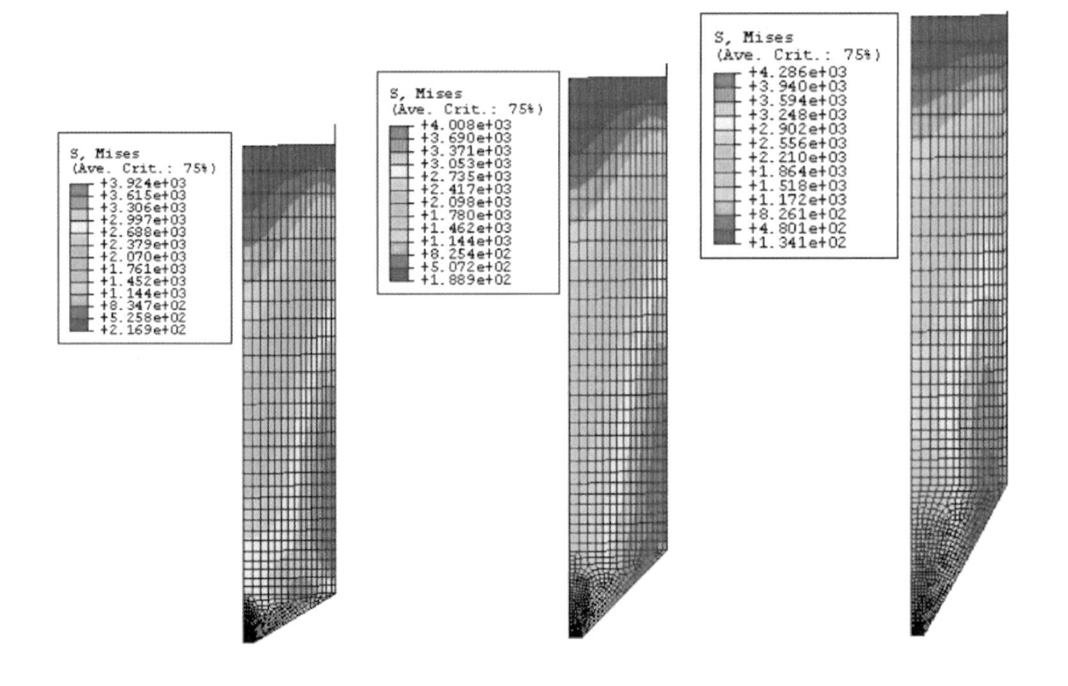

图 3.9　贮料静态时的 Mises 应力分布(塑性计算)

图3.10是考虑贮料为塑性时不同倾角漏斗的静态侧压力分布，其中，FEM-30-PS、FEM-45-PS、FEM-60-PS分别表示漏斗倾角为30°、45°、60°时考虑贮料为塑性材料的有限元计算静态侧压力值。

分析图3.10中的数据可知：

（1）三种倾角漏斗的立筒仓在考虑贮料为塑性时的FEM侧压力值基本相同。

（2）30°、45°、60°倾角的FEM侧压力值均比Janssen1-static大。三种倾角漏斗的FEM侧压力值在1.03 m高度以上小于Janssen2-static，而在1.03 m高度以下均大于Janssen2-static。

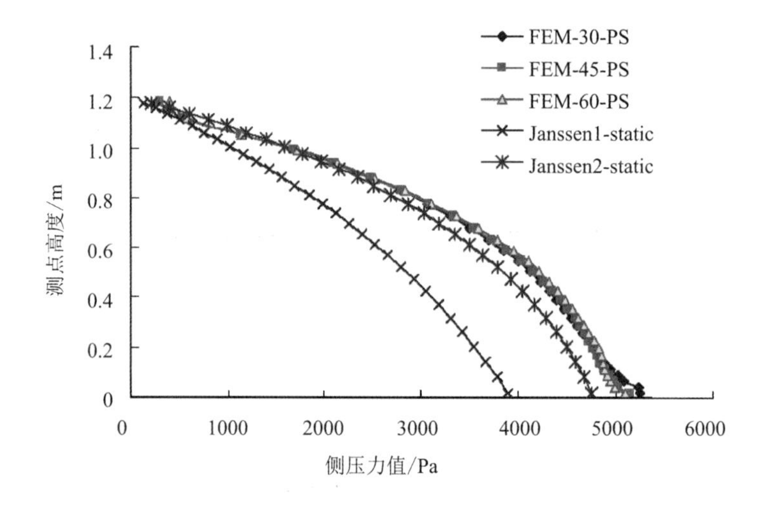

图3.10 考虑贮料为塑性时的侧压力分布

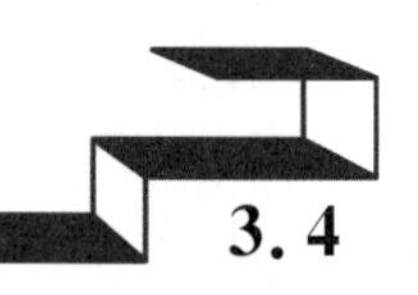

3.4 立筒仓动态侧压力模拟方法

动态计算时需考虑贮料的塑性会使贮料从卸料口流出，建立有限元计算模型如图3.3～图3.5所示，定义的边界条件如图3.6所示，考虑贮料为塑性时选取的材料参数如表3.1所示，贮料单元和仓壁之间的摩擦系数为0.4，选择有限滑动选项，然后剖分网格。

计算中设置两个时间步：第一个时间步为静态侧压力计算，模拟贮料在自重作用下逐渐密实，有限元模型中要在卸料口位置加一约束防止贮料流出卸料口；第二个时

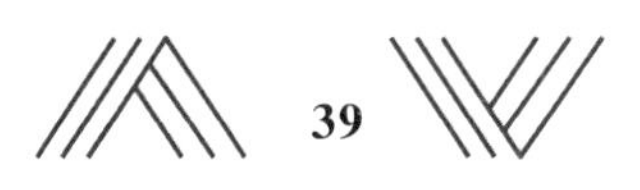

间步为动态侧压力计算，模拟贮料在重力作用下沿卸料口卸出，进入动态步后将卸料口处的约束删掉使贮料卸出。通过两个时间步的计算，得到卸料时的立筒仓侧压力。

计算中贮料重力的施加使用线性加载的方法，加载曲线为点(0，0)到点(1，1)形成的直线，重力荷载沿该直线施加。由于采用显式动态计算方法，设置静态时间步为 2 s，使贮料对仓壁的侧压力达到平衡，动态时间步设置为 1 s，实际卸料的计算时间达不到 1 s 就会因网格破坏而停止。

贮料卸出时，贮料的有限元网格会发生较大的变形，所以网格的大小和形状对卸料的时间影响很大，因此适当选取漏斗内贮料单元的网格大小十分重要。本次模拟使用 ABAQUS 中的自适应网格重剖分功能，使变形较大的网格能重新划分，减小网格的畸形，从而有效地延长卸料时间。另外，在网格重剖分频率中设置较大频率能使网格在一个时间步内重剖分次数更多，有效减少网格流出卸料口时渗透入仓壁的情况发生。

将计算结果和我国规范计算值进行比较。我国在钢筋混凝土立筒仓设计规范中使用下式计算侧压力：

$$p_h = C_h \frac{\gamma\rho}{\mu}(1 - e^{-\mu ks/\rho}) \tag{3.11}$$

其中，C_h——立筒仓侧压力修正系数，其取值按图 3.11 所示，主要考虑立筒仓在卸料过程中会产生超压。我国规范中使用的主动侧压力系数 $k = \tan^2(45° - \varphi/2)$，ISO 的立筒仓工作小组(WG5)使用的侧压力系数 $k = 1.1(1 - \sin\varphi)$。

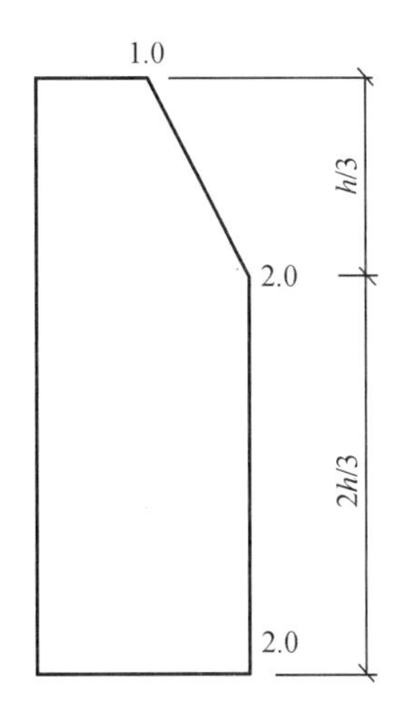

图 3.11　我国规范中卸料时的动态侧压力系数值(h 为仓壁高)

本章按我国规范公式(3.11)，侧压力系数 $k=\tan^2(45°-\varphi/2)$，计算的侧压力值记为 GB1，将 ISO 的立筒仓工作小组中按侧压力系数 $k=1.1(1-\sin\varphi)$ 计算得的侧压力值记为 GB2。

模拟贮料从卸料口卸出的过程中，贮料网格变形及应力分布如图 3.12～图 3.14 所示。

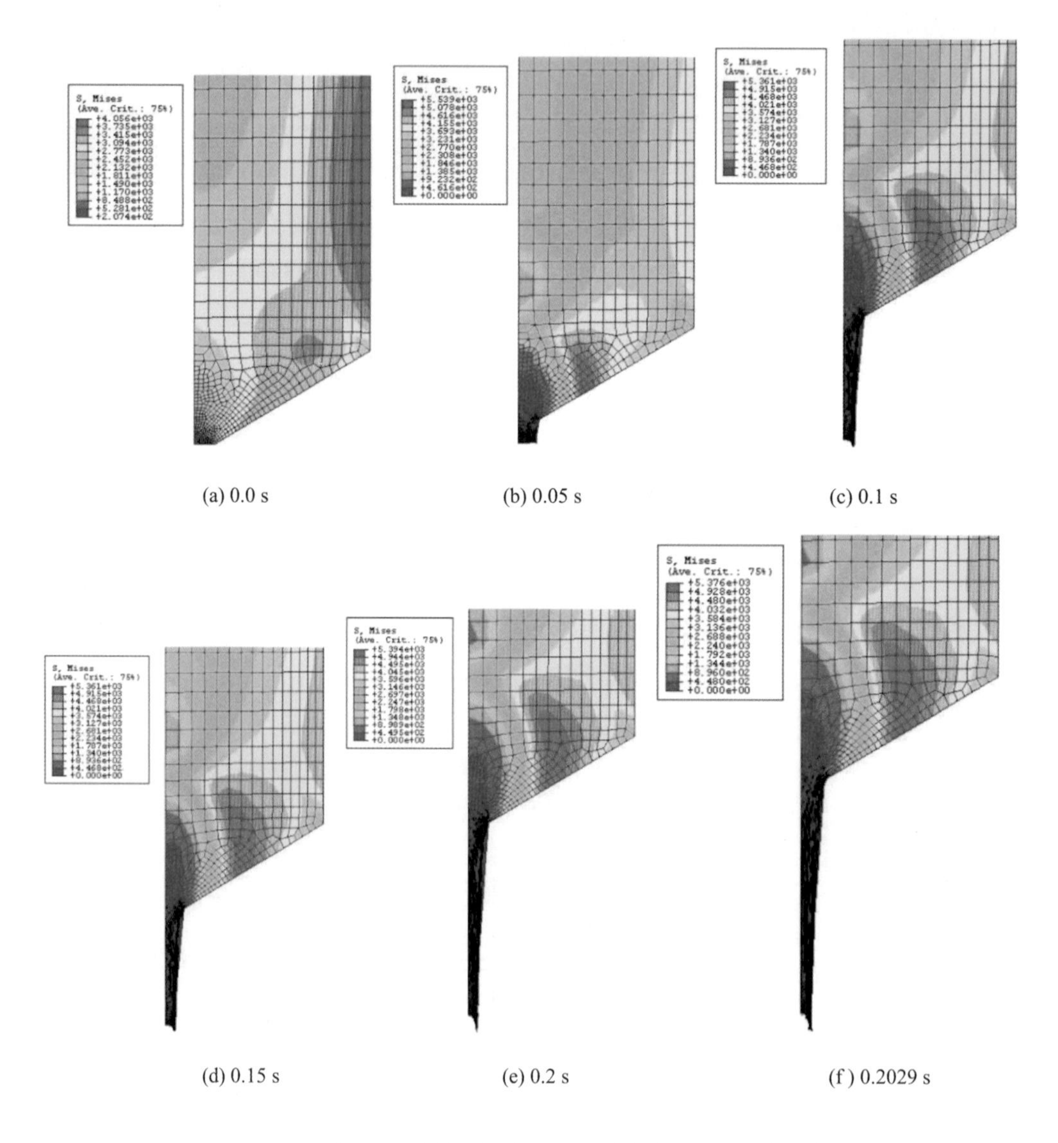

(a) 0.0 s (b) 0.05 s (c) 0.1 s

(d) 0.15 s (e) 0.2 s (f) 0.2029 s

图 3.12 30°倾角漏斗贮料网格卸出过程中的变形及应力分布

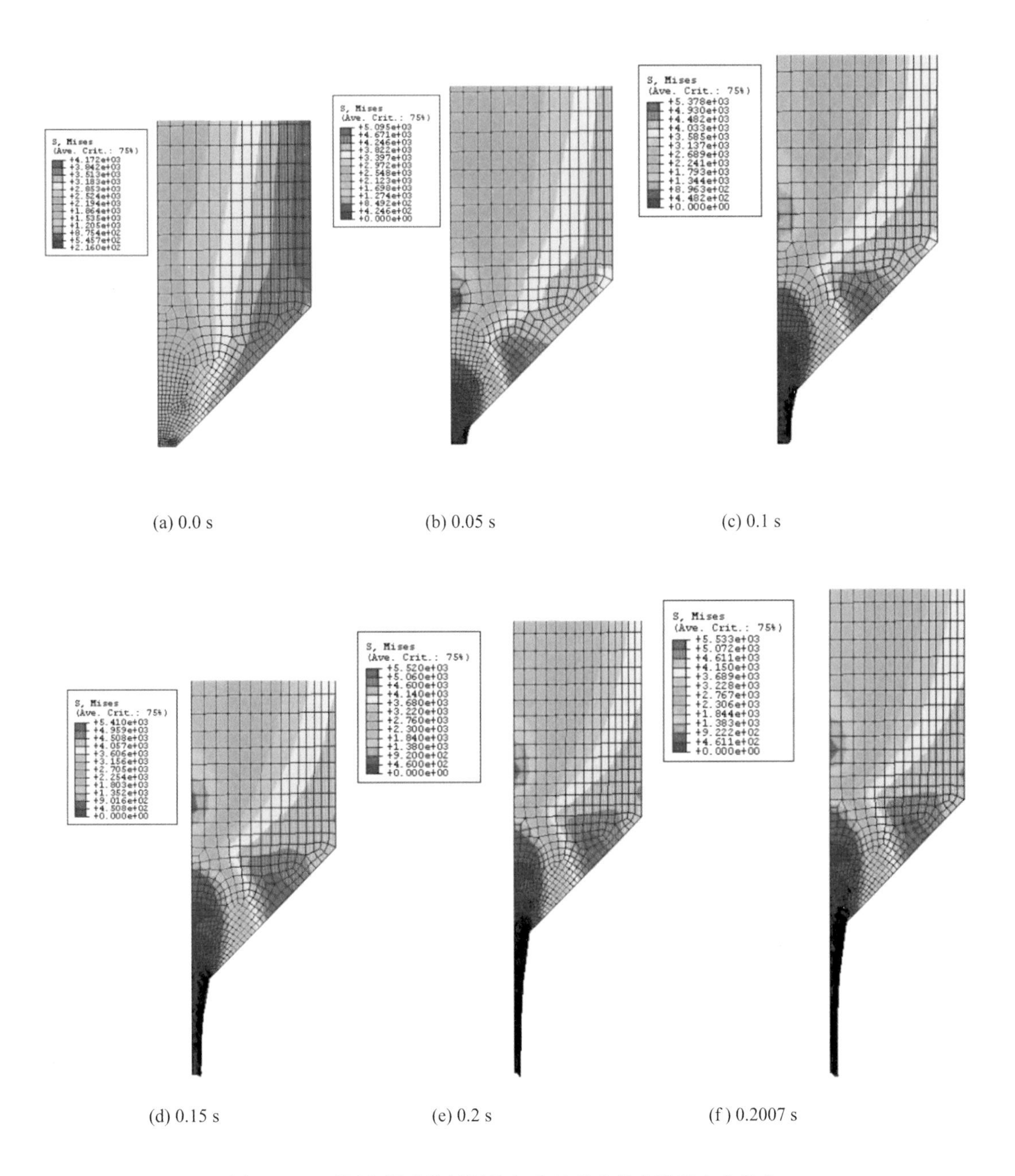

图 3.13　45°倾角漏斗贮料网格卸出过程中的变形及应力分布

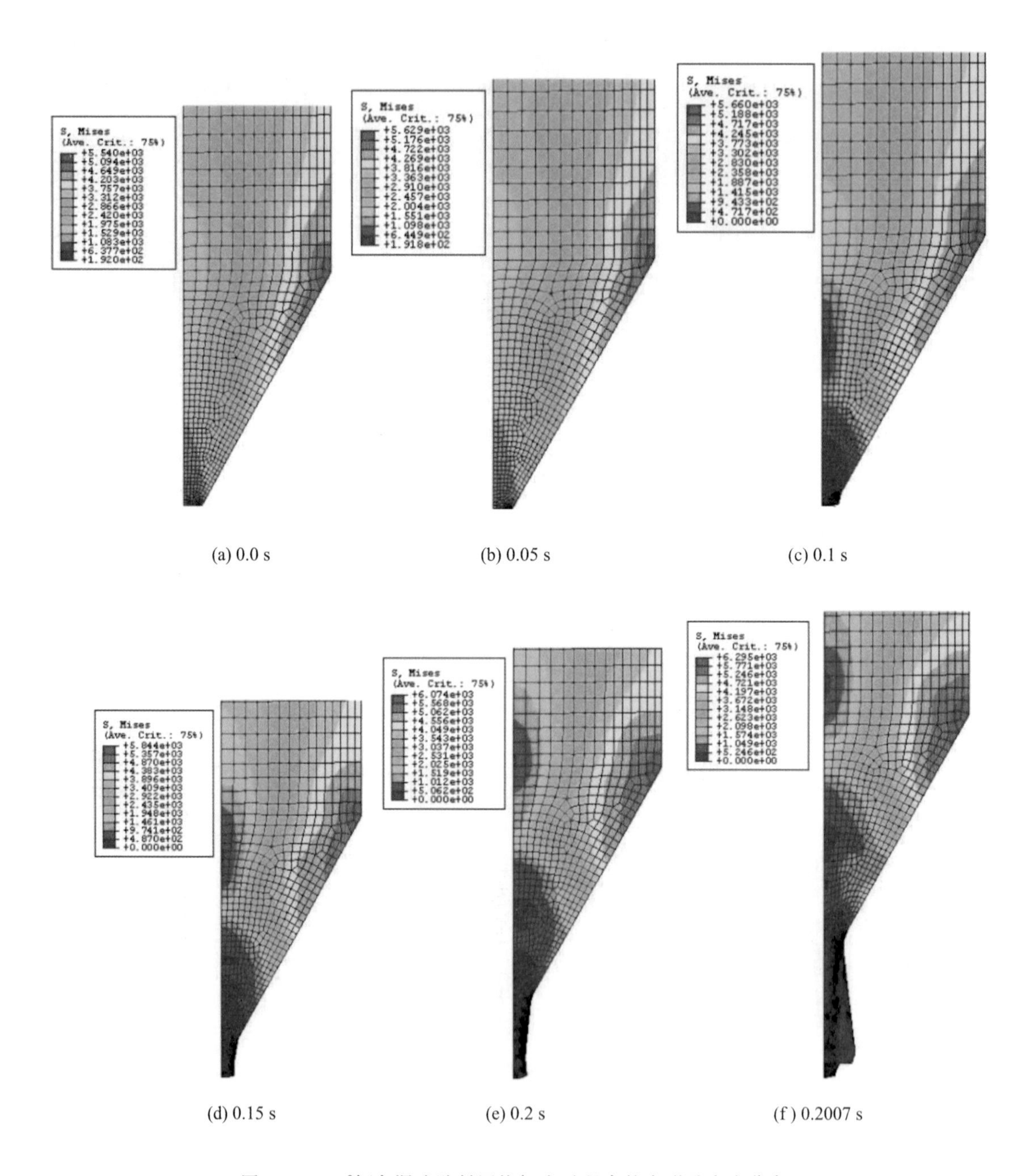

(a) 0.0 s (b) 0.05 s (c) 0.1 s

(d) 0.15 s (e) 0.2 s (f) 0.2007 s

图 3.14 60°倾角漏斗贮料网格卸出过程中的变形及应力分布

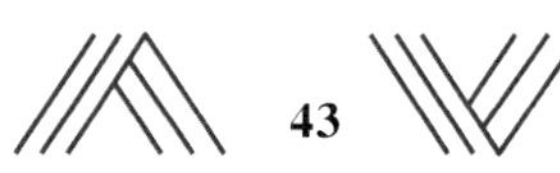

由图 3.12～图 3.14 可以看出，贮料从卸料口流出的过程中，贮料的单元网格不断发生变化，网格的变形减小，进而使贮料不断从仓内流出。从卸料时漏斗处的 Mises 应力分布可以看出：漏斗倾角为 30°时，卸料前最大应力出现在漏斗上部的仓壁处，卸料开始后最大应力下移至漏斗壁处；漏斗倾角为 45°时，卸料前最大应力出现在漏斗壁和仓壁的交接处及其周围，卸料时最大应力下移至漏斗壁中部；漏斗倾角为 60°时，卸料前后的应力最大位置基本没有变化。三种漏斗倾角卸料前的最大应力均小于卸料开始后产生的最大应力。

图 3.15～图 3.17 为动态侧压力模拟时不同高度处测点的侧压力变化，反映了动态分析时沿仓壁不同高度处的侧压力变化，计算时重力荷载沿加载曲线施加，在 0 s 时为 0 Pa，在 1 s 时完全加上，之后在贮料自身阻尼的作用下达到平衡。在 2 s 后出料口处的约束被解除，贮料从卸料口流出，贮料对仓壁的侧压力瞬间增大，之后又有波动直至计算结束。模拟过程中网格的大小对卸料时间影响较大，因此对模型划分不同密度的网格，使卸料时间更长。

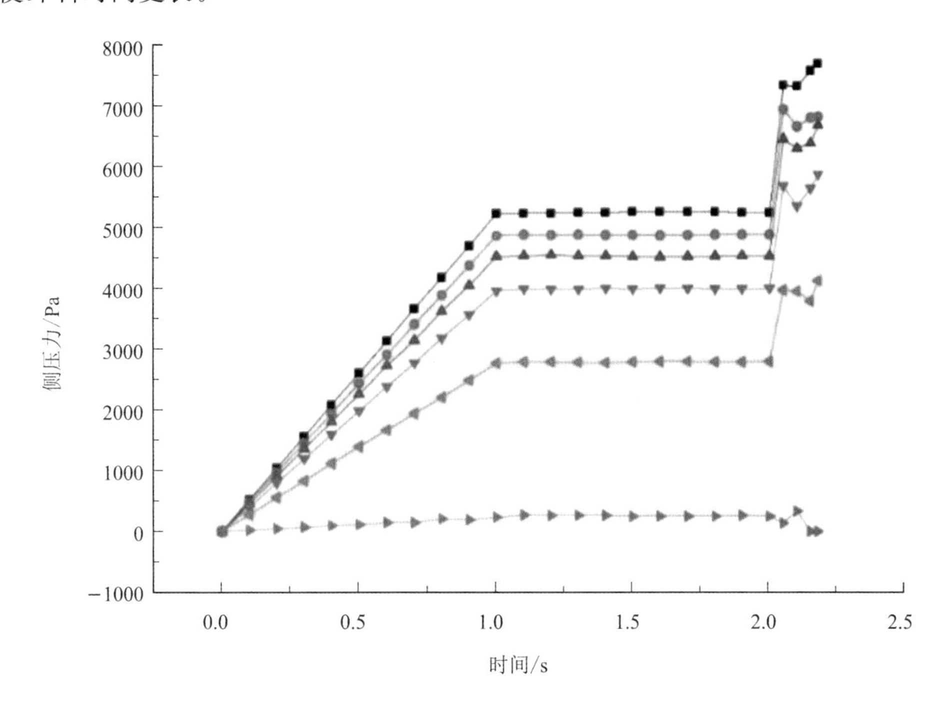

图 3.15　30°倾角漏斗不同高度处的侧压力变化

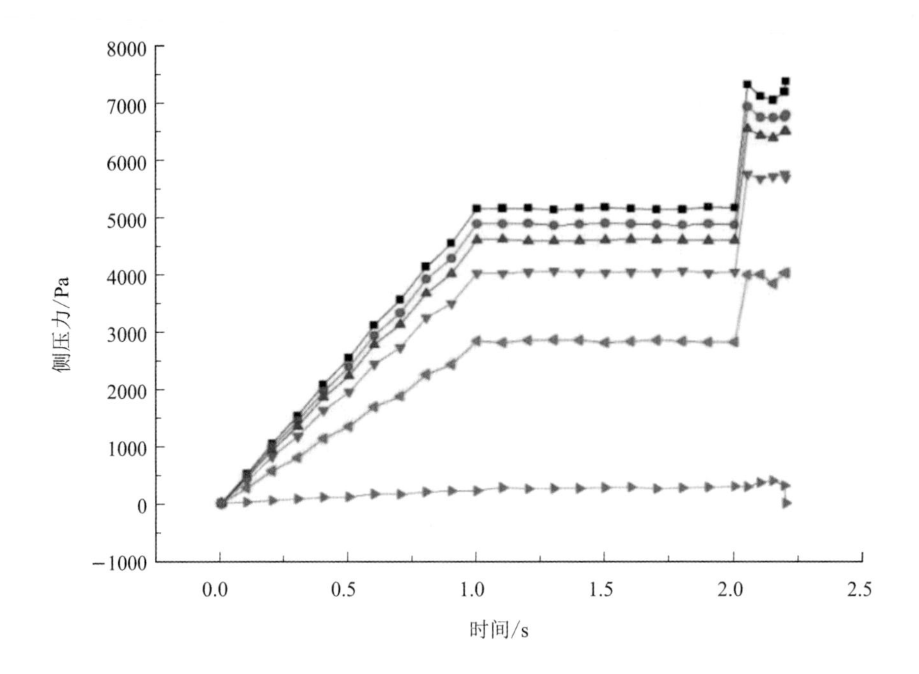

图 3.16　45°倾角漏斗不同高度处的侧压力变化

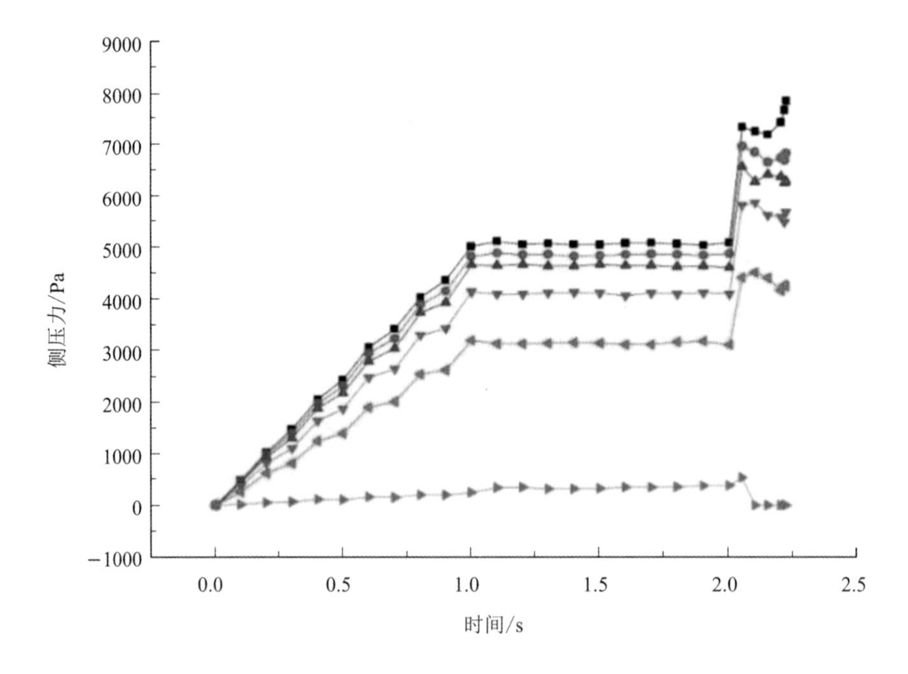

图 3.17　60°倾角漏斗不同高度处的侧压力变化

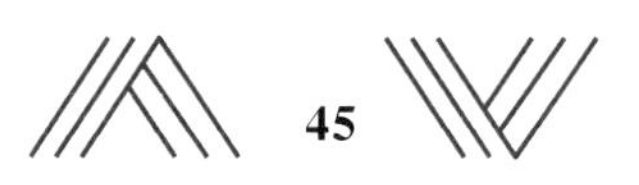

图 3.18～图 3.20 为卸料时贮料对侧壁产生的动态侧压力，图 3.21 为三种漏斗倾角的动态侧压力对比。其中，FEM-30-Dynamic、FEM-45-Dynamic、FEM-60-Dynamic 表示漏斗倾角分别为 30°、45°、60°模型仓模拟中的动态侧压力，FEM-30-PS、FEM-45-PS、FEM-60-PS 表示漏斗倾角分别为 30°、45°、60°的模型仓在考虑贮料为塑性时通过有限元法计算的静态侧压力。GB1 表示按我国规范公式(3.10)，取侧压力系数 $k=\tan^2(45°-\varphi/2)$ 计算的侧压力值，GB2 表示按我国规范公式取侧压力系数 $k=1.1(1-\sin\varphi)$ 计算的侧压力值。

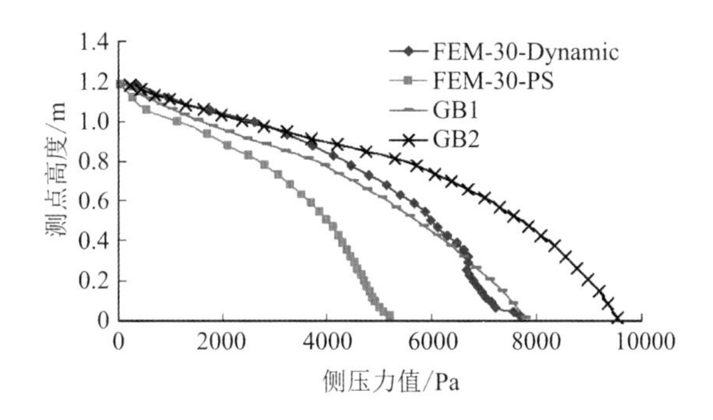

图 3.18　30°倾角漏斗的动态侧压力

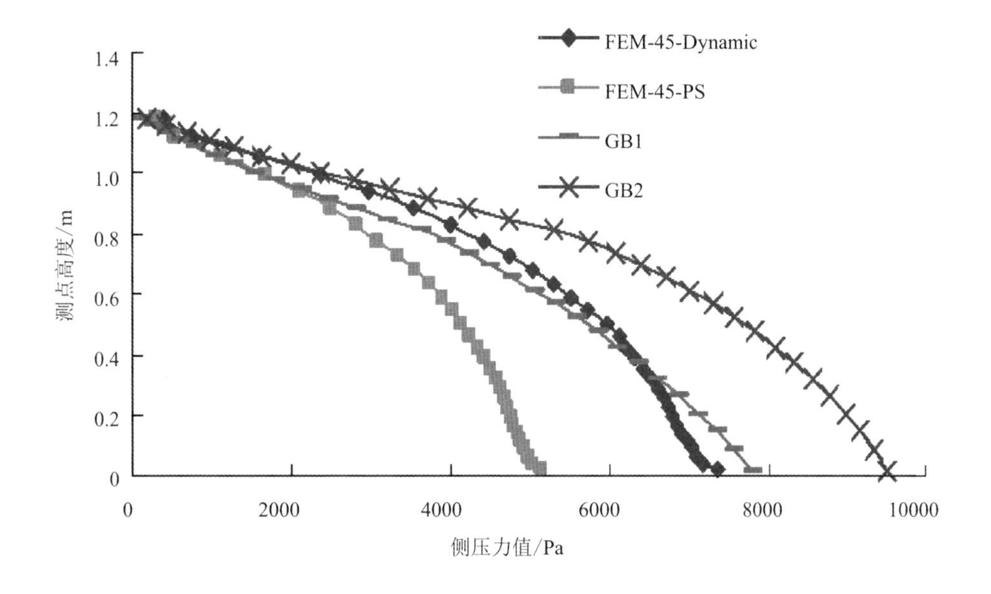

图 3.19　45°倾角漏斗的动态侧压力

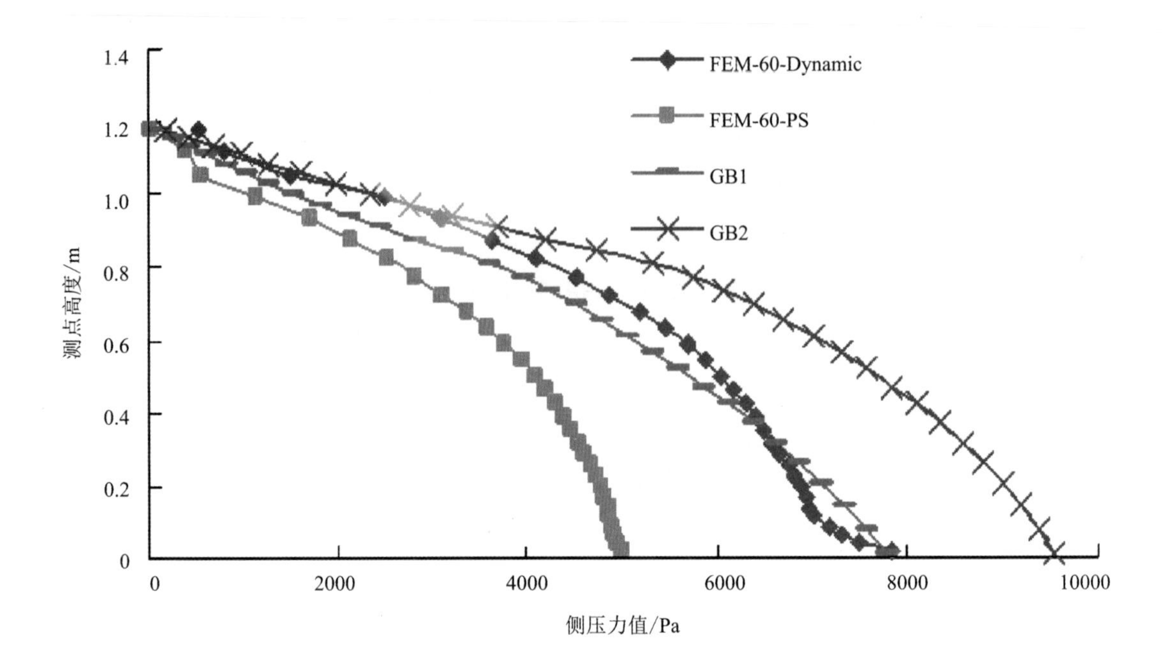

图 3.20　60°倾角漏斗的动态侧压力

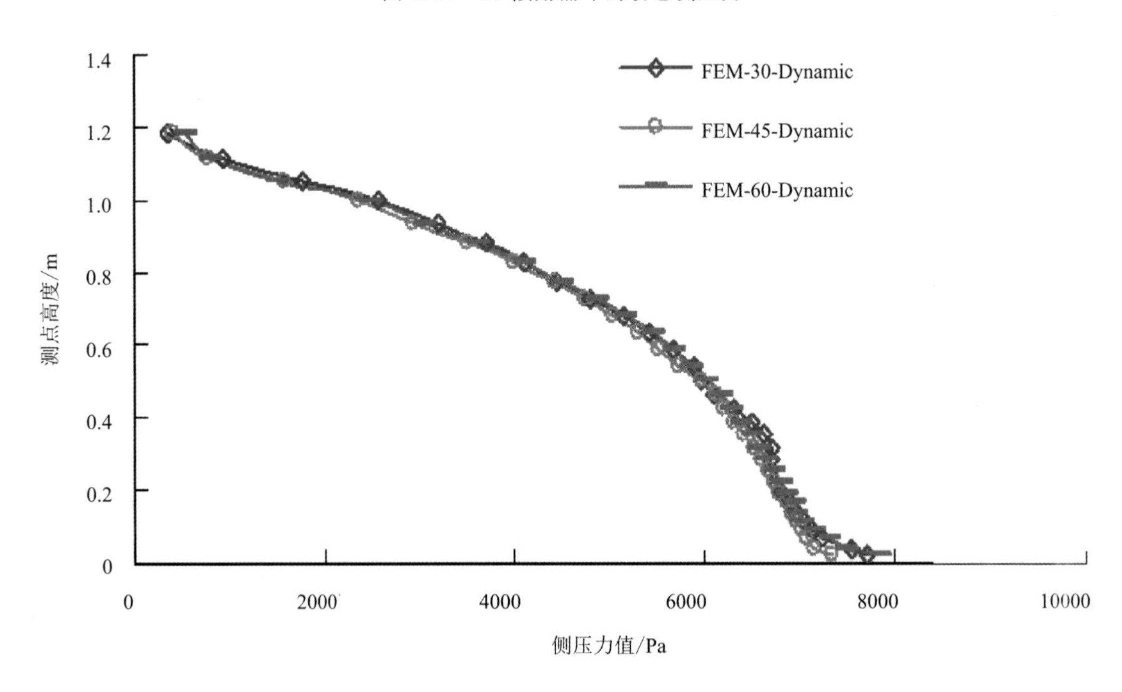

图 3.21　30°、45°、60°倾角漏斗的动态侧压力比较

由图 3.18～图 3.21 的模拟结果可知：

(1) 三种倾角漏斗的模拟结果显示，沿仓壁不同高度处的动态侧压力均比静态侧压力大。

(2) 动态侧压力模拟结果显示，不同倾角漏斗的动态侧压力分布趋势基本相同，动态侧压力的大小也基本相同。

(3) 模拟的动态侧压力在仓壁1.0～1.2 m高度范围内和GB2基本吻合，在0.35～1.0 m高度范围内介于GB1和GB2之间，0.35 m高度以下则小于GB1。

(4) 模拟动态侧压力与塑性静态侧压力的增大幅值随测点高度的增加而减小。

3.5 本章小结

本章通过对比不同倾角漏斗的模拟结果，得到以下结论：

(1) 用有限元法模拟贮料在仓内静态和动态时产生的侧压力是可行的。

(2) 对于干砂在模型仓内产生的侧压力，静态模拟时用两种材料模型：① 考虑贮料为弹性材料；② 考虑贮料为塑性材料。两种方法计算得到的侧压力相差不多，但用塑性材料模型计算得出的侧压力略小于使用弹性材料模型计算的侧压力。

(3) 使用弹性材料模型和塑性材料模型计算得到的静态侧压力与侧压力系数取$k=1.1(1-\sin\varphi)$时按Janssen公式计算的侧压力值接近，但均大于Janssen公式计算的侧压力，在仓壁和漏斗交接处相差最大，最大相差16.2%。

(4) 使用两种材料模型模拟静态侧力的结果均显示，漏斗倾角对静态侧压力的影响较小。

(5) 弹性材料模型不能用于动态卸料模拟，动态模拟需用塑性材料模型计算。动态计算时设置静态分析步十分重要，在此分析步中贮料会在自重作用下达到平衡，然后解除卸料口的约束，进入动态步贮料卸出，贮料对仓壁的侧压力在静态和动态步被连续反映出来。

(6) 动态侧压力模拟时适当选取漏斗内贮料单元的网格大小会延长贮料卸出时间。模拟时使用ABAQUS中的自适应网格重剖分功能，使变形较大的网格能重新划分，减小网格的畸形，从而有效延长卸料时间。另外，设置较大的重剖分频率能使网格在一个时间步内重剖分次数更多，有效减少网格流出卸料口时渗透入仓壁的现象发生。

(7) 从贮料的Mises应力分布看：漏斗倾角为30°时，卸料前最大应力出现在漏斗上部的仓壁处，卸料开始后最大应力下移至漏斗壁处；漏斗倾角为45°时，卸料前最大应力出现在漏斗壁和仓壁的交接处及其周围，卸料时最大应力下移至漏斗壁中部；漏斗倾角为 60°时，卸料前后的应力最大位置基本没有变化。三种倾角漏斗卸料前的最大应力均小于卸料开始后产生的最大应力。

(8) 三种倾角漏斗的动态侧压力模拟均显示，沿仓壁不同高度处的动态侧压力均大于静态侧压力。

(9) 模拟动态侧压力与塑性静态侧压力的增大幅值随测点高度的增加而减小。

(10) 模拟的动态侧压力在仓壁 1.0～1.2 m 高度范围内和 GB2 基本吻合，在 0.35～1.0 m 高度范围内介于 GB1 和 GB2 之间，0.35 m 高度以下则小于 GB1。

第四章
有机玻璃立筒仓模型测试

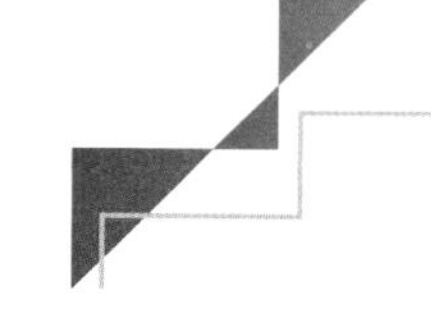

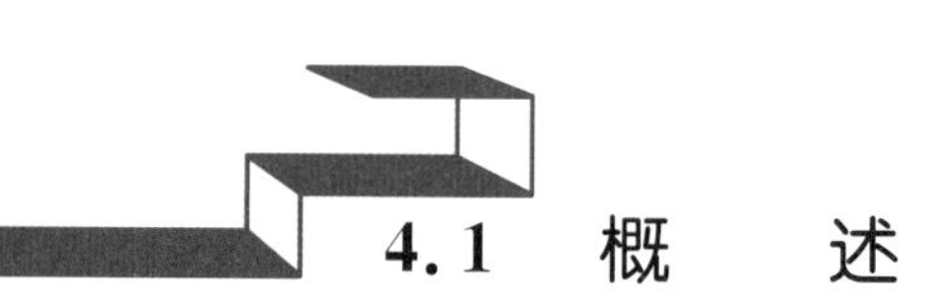

4.1 概　　述

对立筒仓进行侧压力试验是研究立筒仓受力最直接有效的方法，近百年来国内外很多学者都致力于立筒仓的现场足尺试验和立筒仓模型试验的研究工作，主要研究问题之一就是贮料静态和动态时对仓壁的侧压力分布。

1938至1940年，苏联学者塔赫塔美谢夫就对多处实体筒仓进行了大规模试验。试验过程中通过改变填仓速度、卸料状况、出料口布置及其他因素得出了极其复杂的仓内散粒体应力状态图形。

1994年，刘定华等做了筒中筒仓与单筒筒仓的模型试验，根据百余次仓壁侧压力的试验测试结果，绘制出了仓壁的动态与静态侧压力分布曲线，并推导出了立筒仓的侧压力计算公式。

1995年，刘定华等利用尺寸较小的模型筒仓模拟大型圆筒煤仓和冶金矿仓，模型筒仓仓壁高600 mm，内径为300 mm，壁厚为5 mm。在仓壁内部通过粘贴压力传感器测量筒仓的侧压力情况，得出：最大动态压力都发生在筒体下段，最大动态压力约为最大静态压力的1.5倍。

尽管国内外许多专家学者对立筒仓进行了大量试验，但对立筒仓的静态和动态侧压力分布并没有形成一个统一的认识。本章就筒仓的静态及动态侧压力展开研究，并设计了一高为1.2 m的模型筒仓和不同倾角的漏斗，用目前低量程的压力传感器和高精度的动态压力应变仪，对模型筒仓进行动静态侧压力分布的试验研究，并观察了筒仓内贮料流动的形态对侧压力的影响。将试验数据和模拟数据进行对比，总结出静态和动态侧压力分布规律和计算方法。

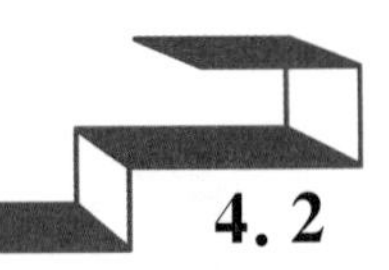

4.2 立筒仓模型制作

4.2.1 立筒仓模型的结构及尺寸

模型筒仓主要考虑能模拟实际工程使用的大型钢筋混凝土粮食立筒仓和其他贮料立筒仓，模型筒仓尺寸按实际工程用钢筋混凝土立筒仓尺寸缩小 20 倍左右得到，模型筒仓的仓壁高度为 1200 mm，内径为 500 mm，壁厚为 5 mm，如图 4.1 所示。

(a) 30°倾角漏斗

(b) 45°倾角漏斗

(c) 60°倾角漏斗

图 4.1 不同倾角漏斗的模型筒仓

为了能清楚实时观察到仓内贮料的流动情况，模型筒仓仓壁采用有机玻璃制作，筒仓漏斗采用钢板制作，支承结构采用钢架制作。考虑贮料在卸料时的流动形式不同会对仓壁产生不同的动态侧压力，将筒仓漏斗的倾角设计成三种情况，分别为 60°、45°、30°，卸料口直径均为 60 mm，筒仓仓壁下部做钢支架支承与地面固定。

4.2.2　测试仪器

试验中用压力传感器直接测试贮料对筒仓壁的压力，采用的压力传感器为 DYB—1 型电阻应变式土压力计，传感器外径为 15 mm，高为 6 mm，外壳用铝合金材料制成。传感器的量程为 0～0.03 MPa，是目前国内量程最小的压力传感器，其精度高、输出线性好、分辨率高、性能稳定，测试范围宽且可以和应变仪相连测得高精度的压力值。

试验中的测试仪器为 DHDAS—5920 动态信号采集分析系统，仪器配有控制软件和分析软件，是以计算机为基础、智能化的动态信号测试分析系统。其特点包括：

高度集成：模块化设计的硬件，通道可灵活配置，每个模块有 32 通道(每台计算机可控制 2～256 通道数同步并行采样，通过以太网连接的多台计算机，最多可控制 2048 通道测试系统同步并行采样)，使用 1394 接口实时传送数据，满足了多通道、高精度、高速动态信号的测量需求。

成组数据传送(DMA)方式实时传送数据：保证了数据传送的高速、稳定、不漏码。

每通道独立的实时数字信号处理(DSP)系统：模拟滤波＋DSP 实时数字滤波，构成高性能抗混滤波器，分析频带内的平坦度可达±0.05 dB，阻带衰减大于－150 dB/oct；可实时完成整周期采样、桥路自动平衡。

独立 A/D 转换器：实现了多通道并行同步采样，采样频率不受通道数限制，最高采样频率为 128 kHz/通道，通道间无串扰影响，大大提高了系统的抗干扰能力。

精确采样：先进的数字频率合成(DDS)技术产生高精度、高稳定度的采样脉冲，保证了多通道采样速率的同步性、准确性和稳定性。

4.2.3　压力传感器标定

筒仓卸料试验前先对所用的 15 个压力传感器进行标定试验，标定时给压力传感器施加恒定的水压，本次标定采用八级加载，压力传感器每下沉 10 cm 记录一次压力数据，即每100 Pa为一个增量级。标定前先把压力传感、动态应变仪和电脑连接好，并打开电脑和压力传感器进行调试，使其进入稳定的工作状态再进行标定测试。每个压力传感器进行3次标定，得到一系列微应变及其对应的压力值。将微应变及其对应的压力用最小二乘法通过MATLAB软件进行拟合得到每个压力传感器的工作直线方程。

微应变对应的压力值计算方法如下：

工作直线方程为

$$p_n = a(L - b) \tag{4.1}$$

式中：p_n——第 n 次测量的压力值；

a——系数；

b——截距；

L——第 n 次实测微应变值 L' 经过温度漂移修正后的数值，

$$L = L' + k(T_n - T_0)$$

式中：T_n——第 n 次测量时的环境温度；

T_0——埋设前应变仪调零时的环境温度；

K——温度补偿系数。

具体计算如下：

温度补偿系数 $k = -1.85\ \mu\varepsilon/℃$；

初始环境温度为8 ℃(此温度下仪器调零)；

工作时实测的 $L' = 40\ \mu\varepsilon$，环境温度为8 ℃，此压力传感器的工作直线方程为

$$p_n = 4.4586 \times 10^{-6}(L + 0.4762)$$

首先，计算温度引起的漂移值 $\Delta L'$：

$$\Delta L' = k(T_1 - T_0) = -1.85 \times (8 - 8) = 0$$

然后，把实测值进行温度补偿修正：

$$L = L' + \Delta L' = 40 + 0 = 40\ \mu\varepsilon$$

最后，根据该压力传感器的工作直线方程求得对应的压力值：

$$\begin{aligned} p_n &= 4.4586 \times 10^{-6}(L + 0.4762)\ \text{Pa} \\ &= 4.4586 \times 10^{-6}(40 + 0.4762)\ \text{Pa} \\ &= 180.47\ \text{Pa} \end{aligned}$$

4.3　立筒仓模型测试

4.3.1　模型测试方法

本次试验模型仓高为 1200 mm，沿仓高共布置 15 个压力传感器，在仓下部四分之一高度范围内每隔 5 cm 布置一个压力传感器，上部三分之二高度范围内每 10 cm 布置一个压力传感器，具体布置如图 4.2 所示。

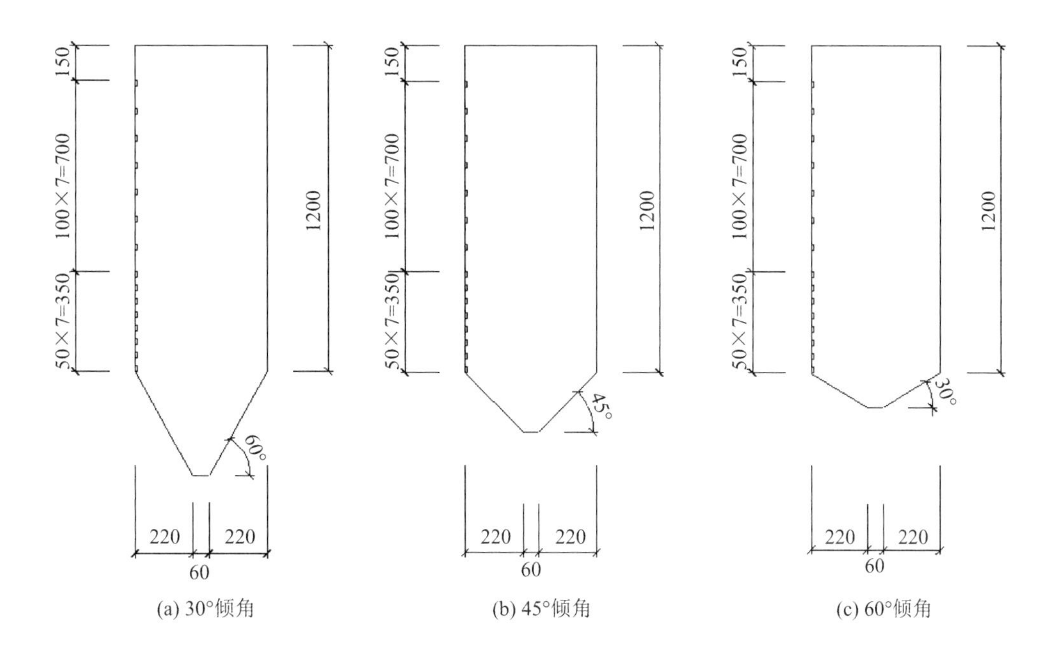

图 4.2　立筒仓侧压力传感器布置图

选择压力传感器时首先在满足分辨率要求的前提下，选择工作稳定的压力传感器。在运输过程中应尽量避免较大震动，移动传感器时要轻拿轻放，特别是工作面不能与任何硬物相碰，转移动态侧压力传感器时应拿住传感器和其电缆线。电缆线保护的好坏，会直接影响测量数据的成败。将压力传感器的压力头贴在筒仓上之后，其伸出来的部分要在筒仓壁上呈蛇形布置，以免拉断电缆线。在电缆线周围不得有尖锐物，另外要将贴有传感器的筒仓放在安全位置，以免受到损坏。

压力传感器布置好后，将筒仓和其下面的漏斗及支架固定在一起，并再次检查传力传感器是否粘贴牢固。测试时压力传感器要处于同一温度中，正确连接电阻应变仪A、B、C、D、地五点，打开动态应变仪开关，30 分钟后校准动态应变仪，并把应变仪灵敏度系数调到传感器给定的系数。

试验开始前应对动态应变仪的工作进行调试，使动态应变仪工作比较稳定。试验开始后往筒仓中均匀连续装入标准砂模拟贮料。

4.3.2 贮料用砂的物理性质

本次试验采用福建平潭标准砂。总用量在 0.25 t 左右。该标准砂的物理性质指标如表 4.1 所示。其中颗粒直径大于 0.65 mm 的占 3%，0.45～0.65 mm 范围的占 40%±5%，0.25～0.4 mm 范围的占 51%±5%，小于 0.25 mm 的占 6%；颗粒比重 ρ_s=2.643 g/cm^3；最大与最小干密度分别为 ρ_{dmax}=1.74 g/cm^3，ρ_{dmin}=1.43 g/cm^3；最大与最小孔隙比分别为 e_{max}=0.848，e_{min}=0.519；粒径组成特性参数 d_{50}=0.34 mm，C_u=1.542，C_c=1.104。试验中砂土的相对密实度 D_r=0.51。重力密度 γ=17 400 N/m^3，筒仓的水力半径 ρ=0.125 m，标准砂与仓壁的摩擦因数 μ'=0.4。

表 4.1 标准砂的物理性质指标

最大干密度 ρ_{dmax}/(g/cm^3)	最小干密度 ρ_{dmin}/(g/cm^3)	最大孔隙比 e_{max}	最小孔隙比 e_{min}	相对密实度 D_r
1.74	1.43	0.848	0.519	0.51

本试验中标准砂的内摩擦角采用图 4.3 所示的电动四联等应变直剪仪现场测定，测试数据如表 4.2 所示。

表 4.2 标准砂剪切试验数据

垂直应力 σ/kPa	量力环读数/0.01 mm	量力环系数	剪应力/kPa
100	34	1.871	63.6
200	61	1.857	113.3
300	101	1.819	183.7
400	130	1.851	240.6

根据测试数据绘制的剪应力-强度曲线如图 4.4 所示。由此可得标准砂的内摩擦角为 30°。

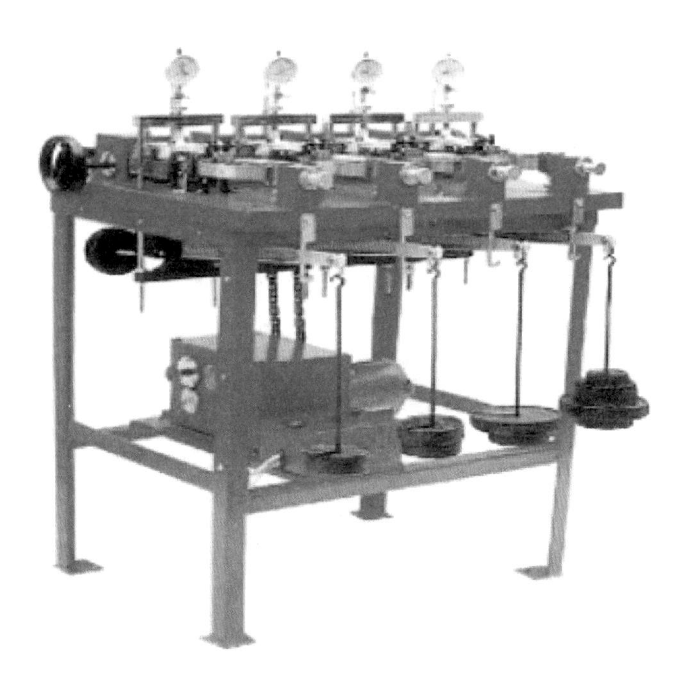

图 4.3　电动四联等应变直剪仪

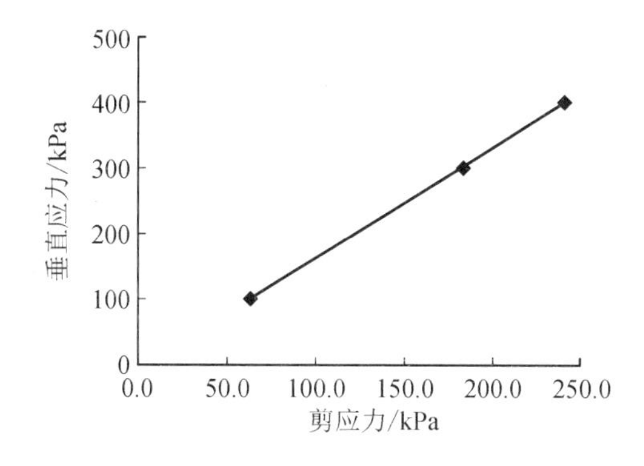

图 4.4　标准砂的剪应力-强度曲线

4.3.3　立筒仓模型卸料

试验测试分静态压力测试和动态压力测试，首先将标准砂均匀地装入模型，装满后静止 3～4 分钟，使标准砂在重力作用下进一步密实，同时动态应变仪会记录下标准砂对仓壁的静态侧压力，然后打开漏斗下面的开关，标准砂逐渐卸出，应变仪会记录下卸料过程中贮料对仓壁压力的变化。

试验时分别对倾角为60°、45°、30°漏斗的筒仓做多次的静态和动态试验，并记录下每次试验的压力数据，观察仓内贮料的流动形态，部分观察照片如图4.5所示。

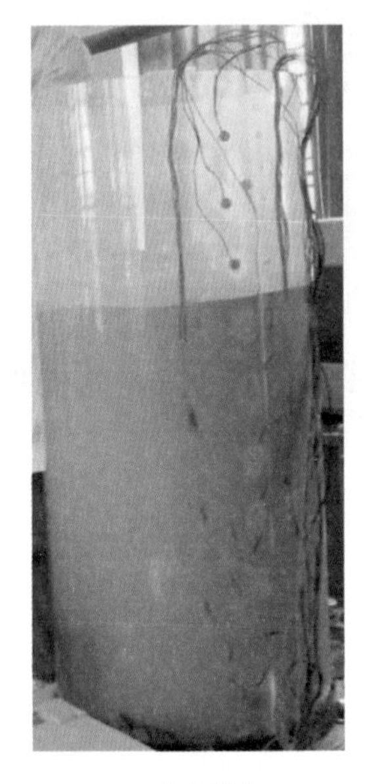

(a) 半仓状态

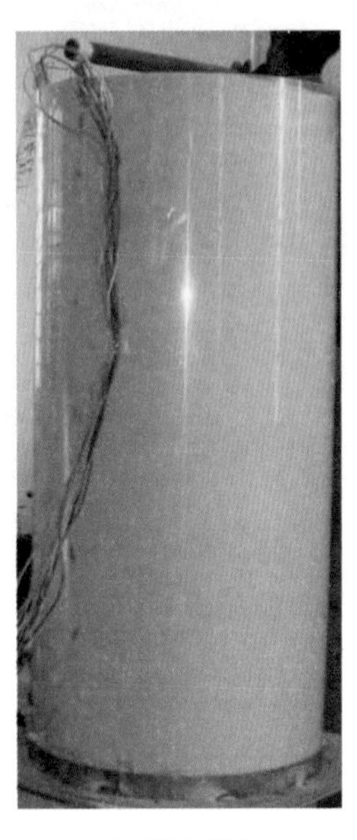

(b) 满仓状态

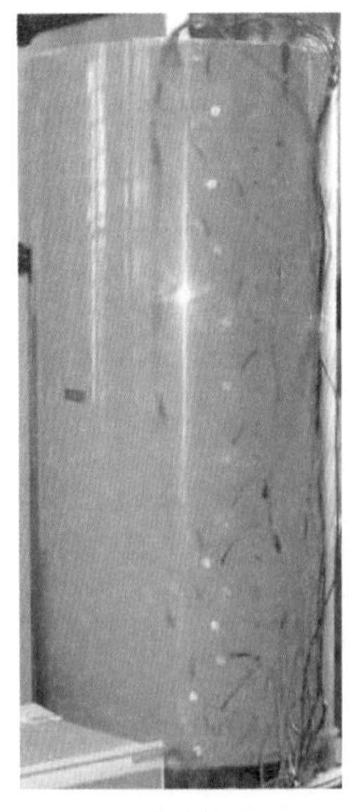

(c) 空仓状态

(d) 打开卸料口

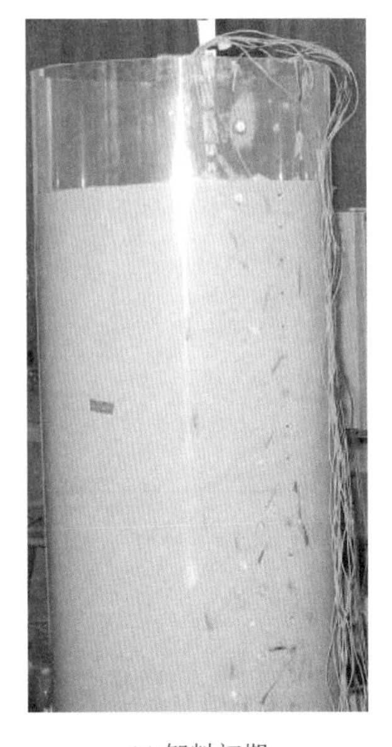

(e) 卸料初期

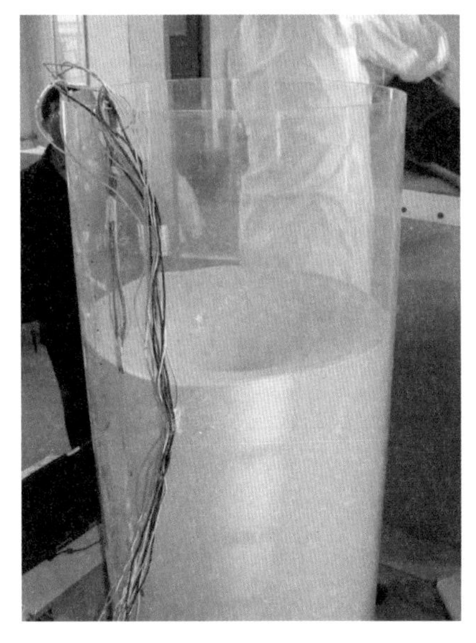

(f) 卸料一半

图 4.5　卸料不同时刻的观察照片

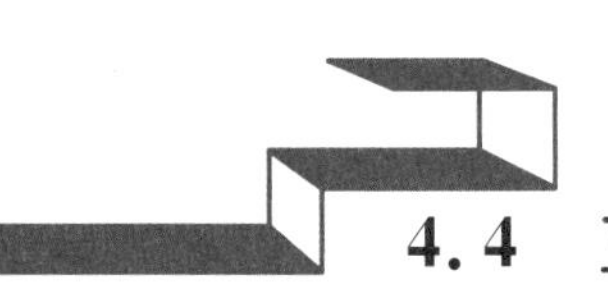

4.4　立筒仓模型测试结果

4.4.1　静态侧压力测试结果

分别对倾角为30°、45°、60°漏斗的模型仓进行试验，在筒仓装满料并稳定后测量贮料对筒仓的静态侧压力，并与Janssen公式计算的压力值进行对比，结果如图4.6所示。图中，30-J、45-J、60-J分别表示漏斗倾角为30°、45°、60°时的静态侧压力试验测试值。Janssen值为式(1.3)计算的压力值。

由图4.6可知，三种倾角漏斗的静态压力值均在Janssen值左右波动，沿仓壁不同高度处三种倾角漏斗的静态压力试验值不相同，但模拟结果显示三种倾角漏斗下的侧压力值基本相同。其原因可能是试验测试结果不准确，譬如对同一漏斗筒仓的不同次测试结果也不相同。因此，对三种倾角漏斗的试验侧压力值取平均得到的结果如图4.7所示，该平均值和Janssen值的对比结果如表4.3所示。

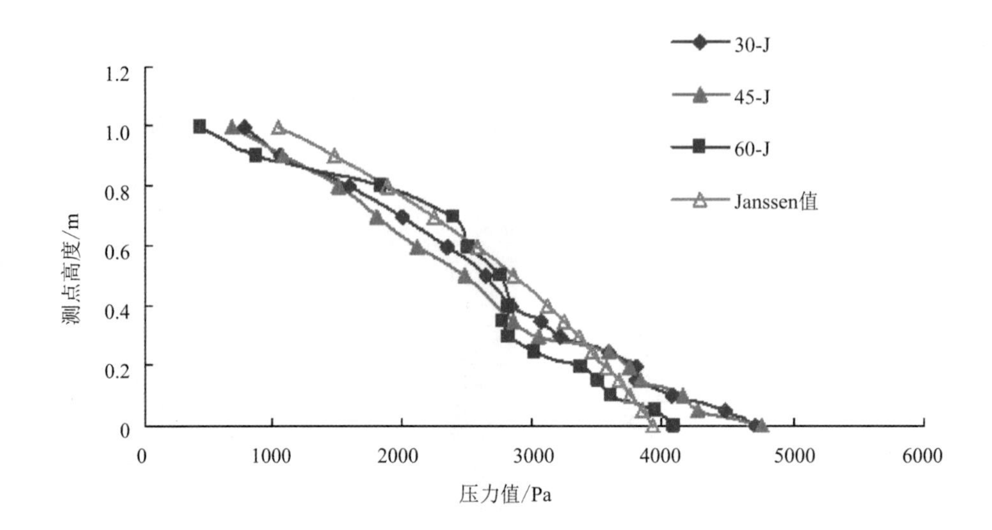

图 4.6 静态侧压力试验测试值与公式计算值的对比结果

由图 4.7 显示结果可以看出测试值分布在 Janssen 公式计算值左右，和 Janssen 理论计算值比较接近。随仓高的增大，侧压力逐渐减小，其变化趋势和 Janssen 理论计算值接近，试验测试值在 0.2 m 高度以上均小于 Janssen 理论计算值，而 0.2 m 高度以下的压力大于 Janssen 理论计算值。由表 4.3 可知，试验侧压力值在 0.2 m 高度以下与理论值的最大差值为 15.3%，位于仓壁底部，在 0.2 m 高度以上最大差值为 −39.12%，位于 1.0 m 高度处。

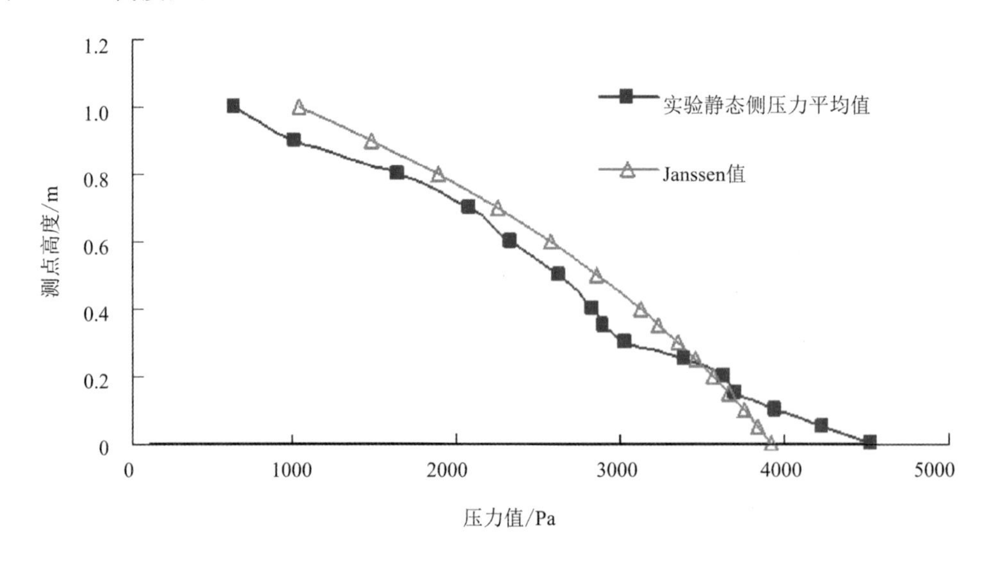

图 4.7 试验静态侧压力平均值与 Janssen 值的对比结果

表 4.3　静态侧压力对比表

测点高度/m	静态侧压力值		
	理论值/Pa	测试值/Pa	相对误差
0.00	3925.28	4525.97	15.30%
0.05	3842.45	4233.99	10.19%
0.10	3755.09	3943.35	5.01%
0.15	3662.95	3712.15	1.34%
0.20	3565.76	3641.38	2.12%
0.25	3463.24	3397.95	−1.89%
0.30	3355.11	3027.62	−9.76%
0.35	3241.06	2898.79	−10.56%
0.40	3120.76	2824.77	−9.48%
0.50	2860.04	2624.31	−8.24%
0.60	2569.97	2329.00	−9.38%
0.70	2247.26	2070.39	−7.87%
0.80	1888.24	1650.46	−12.59%
0.90	1488.81	1009.08	−32.22%
1.00	1044.42	635.85	−39.12%

4.4.2　动态侧压力测试结果

1. 60°倾角漏斗的动态侧压力测试结果

在静态试验结束后，打开卸料口，使标准砂流出，得到卸料过程中各测点的压力变化数据，如图 4.8 所示。

由图 4.8 可看出：在高度分别为 0.1 m、0.2 m、0.6 m 的测点 3、5、11 处，压力有明显下降；在高度分别为 0 m、0.05 m、0.15 m、0.25 m、0.7 m 的测点 1、2、4、6、12 处，压力先突然上升，然后又大幅下降，再波动下降；在高度分别为 0.3 m、0.35 m、0.4 m、0.5 m、0.8 m、0.9 m、1.0 m 的测点 7、8、9、10、13、14、15 处，压力有较大增大，然后又波动下降。

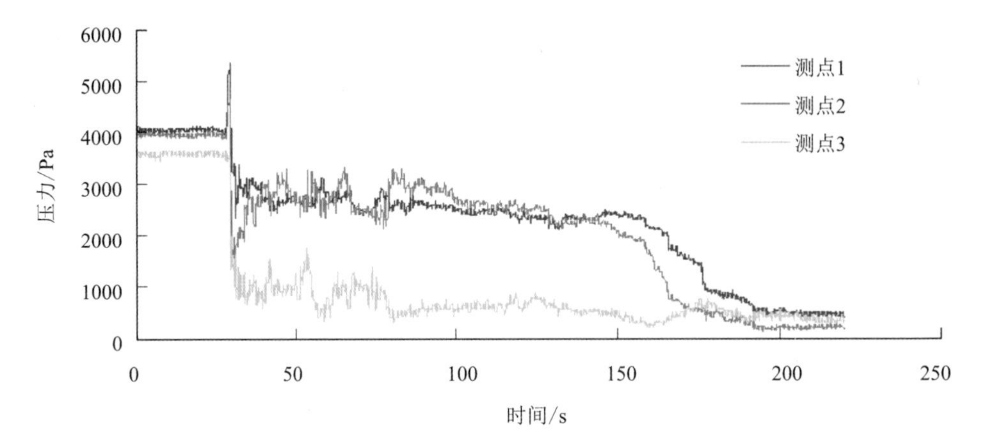

(a) 高度分别为 0 m、0.05 m、0.1 m 的测点1、2、3 压力变化曲线

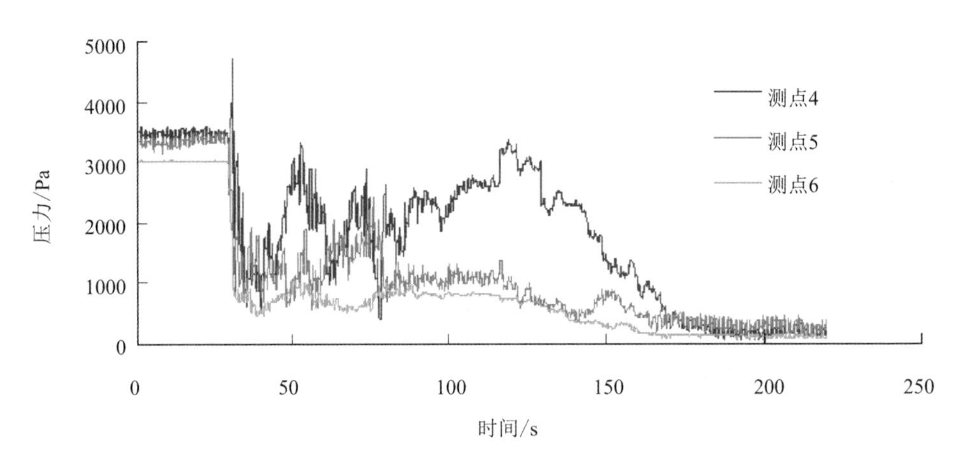

(b) 高度分别为 0.15 m、0.20 m、0.25 m 的测点4、5、6 压力变化曲线

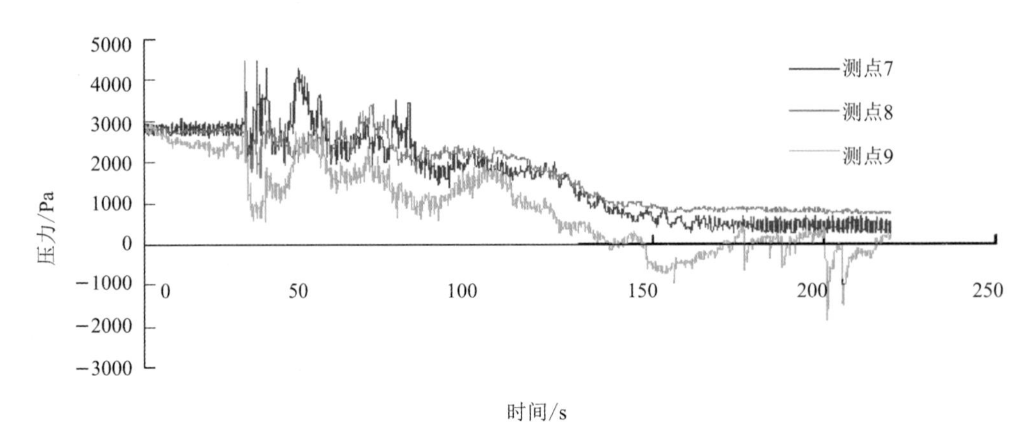

(c) 高度分别为 0.3 m、0.35 m、0.40 m 的测点 7、8、9 压力变化曲线

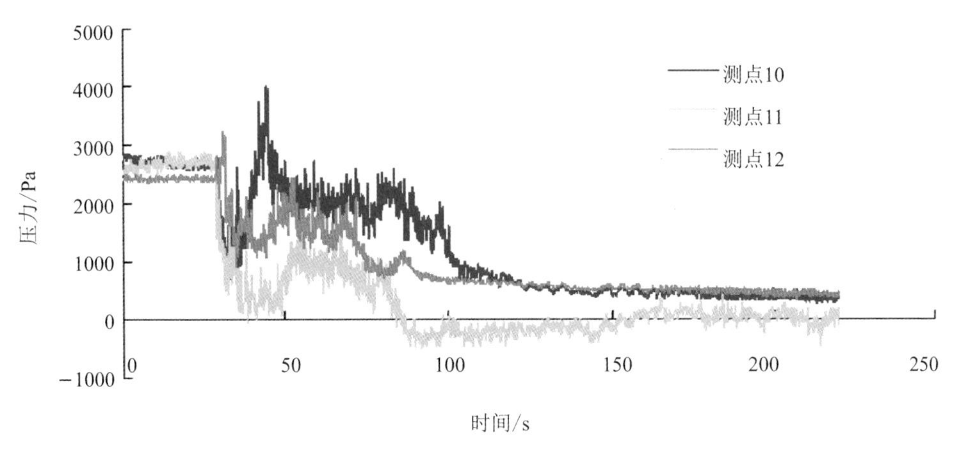

(d) 高度分别为0.5 m、0.6 m、0.7 m的测点 10、11、12 压力变化曲线

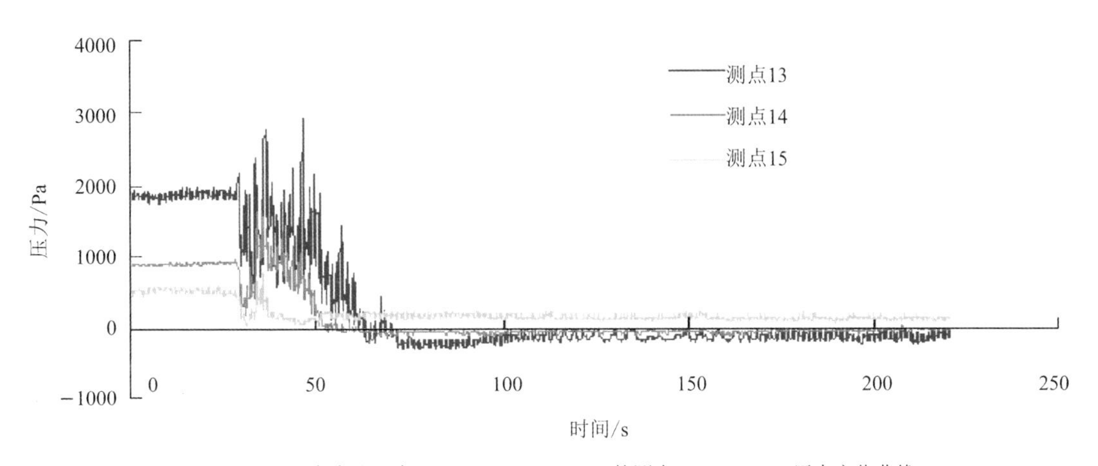

(e) 高度分别为 0.8 m、0.9 m、1.0 m 的测点 13、14、15 压力变化曲线

图 4.8　60°倾角漏斗卸料时仓壁不同高度的动态侧压力变化曲线

图 4.9(a)为 60°倾角漏斗卸料时动态侧压力和静态侧压力的对比，图 4.9(b)为超压系数分布。表 4.4 为各测点动态侧压力相对于静态侧压力的增幅。

由图 4.9(a)可知，绝大多数测点的动态侧压力大于静态侧压力，最大动态侧压力出现在 0.35 m 高度处。由图 4.9(b)可以看出，在仓壁的下半部，最大超压系数达到 2.33，出现在 0.35 m 高度处。在仓壁上半部 0.9 m 高度处超压系数达到 2.03，而在 0.1 m、0.2 m、0.6 m 高度处的测点超压系数均小于 1.0。

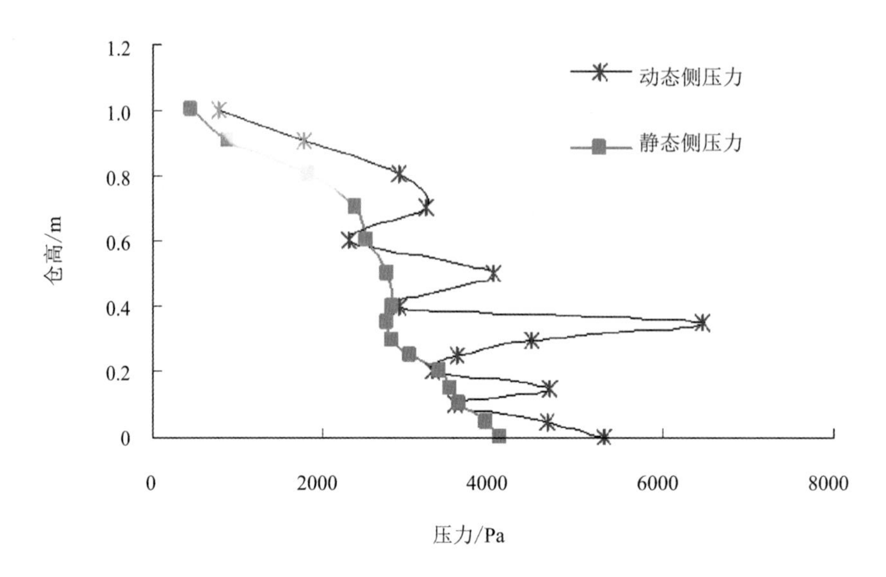

(a) 动态和静态侧压力值的对比

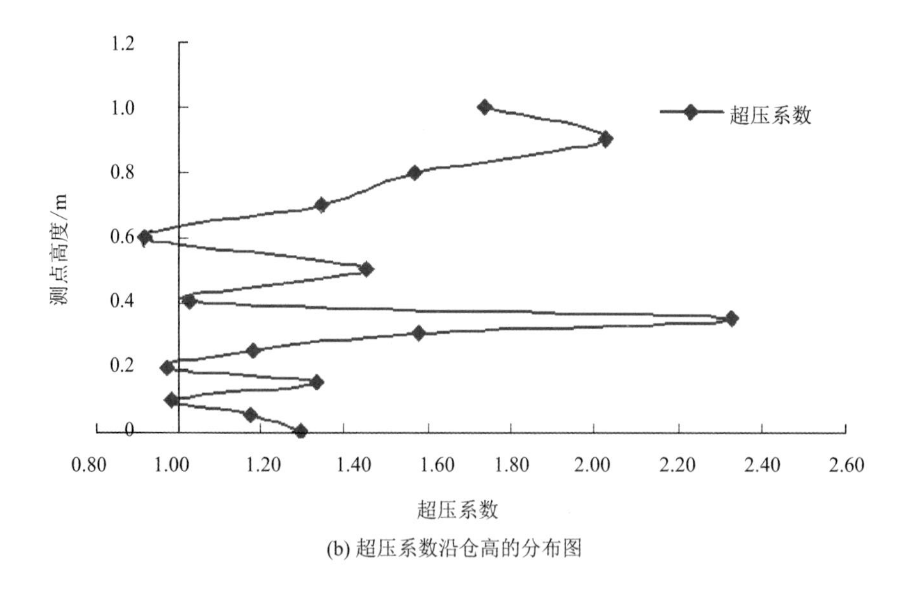

(b) 超压系数沿仓高的分布图

图 4.9 60°倾角漏斗卸料时仓壁不同高度的侧压力及超压系数

由表 4.4 中的压力增大幅值可知，增大幅值超过 50%的测点高度分别为 0.3 m、0.35 m、0.8 m、0.9 m、1.0 m，这几处超压较大，最大处压力增大 3690.7 Pa，说明超压较大处出现在筒仓下部四分之一和上部四分之一范围内。

表 4.4　60°倾角漏斗卸料时各测点的压力增大值

测点高度/m	0.00	0.05	0.10	0.15	0.20	0.25	0.30	0.35	0.40	0.50	0.60	0.70	0.80	0.90	1.00
静态侧压力/Pa	4098.4	3943.2	3607.3	3498.2	3372.8	3023.1	2818.4	2775.6	2820.7	2754.7	2517.2	2397.2	1840.6	884.2	448.1
动态侧压力/Pa	5315.6	4647.5	3557.7	4672.3	3294.1	3579.2	4454.6	6466.3	2907.9	4003.8	2317.9	3221.0	2892.2	1793.3	779.4
压力增大值/Pa	1217.2	704.3	−49.6	1174.1	−78.7	556.2	1636.2	3690.7	87.3	1249.1	−199.3	823.8	1051.6	909.1	331.3
压力增大幅度	29.7%	17.9%	−1.4%	33.6%	−2.3%	18.4%	58.1%	133%	3.1%	45.3%	−7.9%	34.4%	57.1%	102.8%	73.9%

2. 45°倾角漏斗的动态侧压力测试结果

漏斗倾角为 45°的模型仓卸料时各测点的动态侧压力变化数据如图 4.10 所示。

由图 4.10 可以看出：在高度分别为 0.7 m、0.9 m、1.0 m 的测点 12、14、15 处压力有明显下降；在高度分别为 0.05 m、0.1 m、0.2 m、0.25 m、0.3 m、0.5 m、0.6 m 的测点 2、3、5、6、7、10、11 处，打开卸料口后侧压力突然上升，又急速下降，随后又有回升，再波动下降；在高度分别为 0 m、0.15 m、0.35 m、0.8 m 的测点 1、4、8、13 处压力先有较大增大，然后又波动下降。

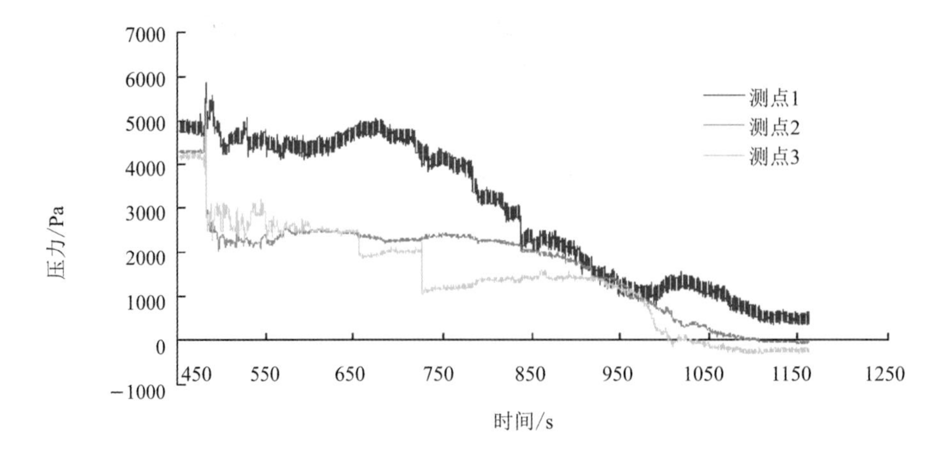

(a) 高度分别为 0 m、0.05 m、0.1 m 的测点 1、2、3 压力变化曲线

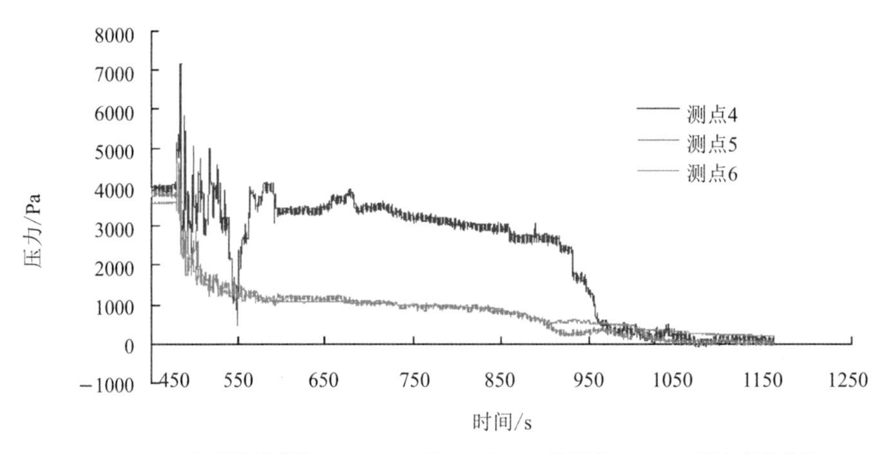

(b) 高度分别为 0.15 m、0.20 m、0.25 m 的测点 4、5、6 压力变化曲线

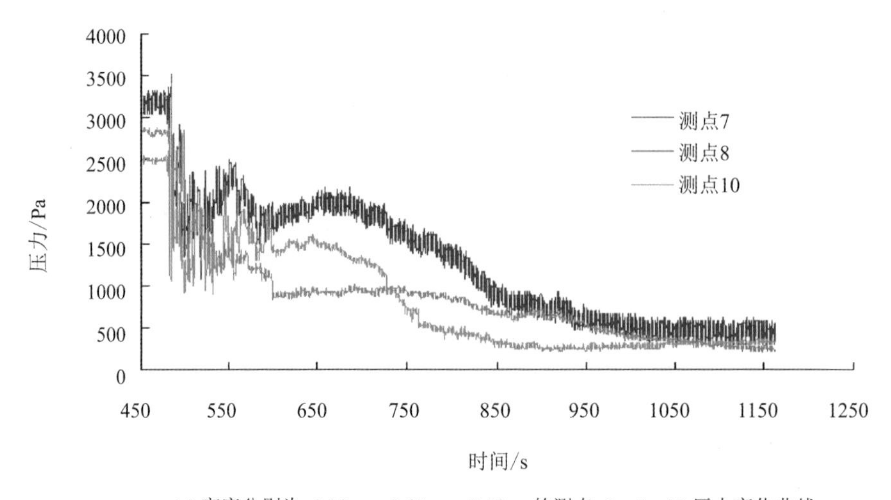

(c) 高度分别为 0.30 m、0.35 m、0.50 m 的测点 7、8、10 压力变化曲线

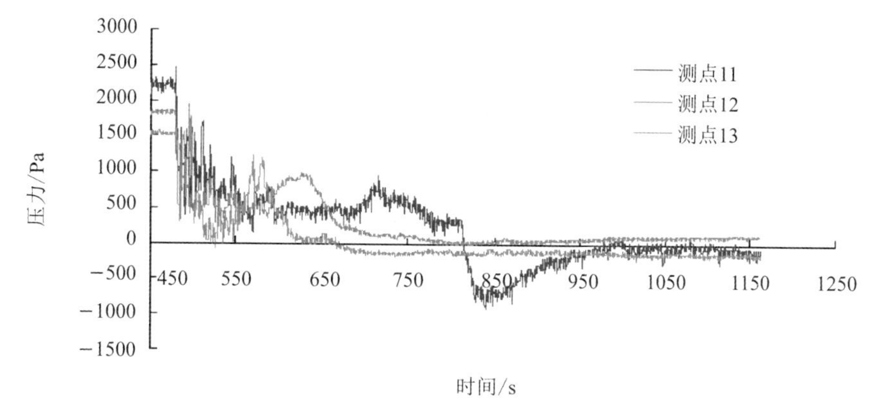

(d) 高度分别为 0.60 m、0.70 m、0.80 m 的测点 11、12、13 压力变化曲线

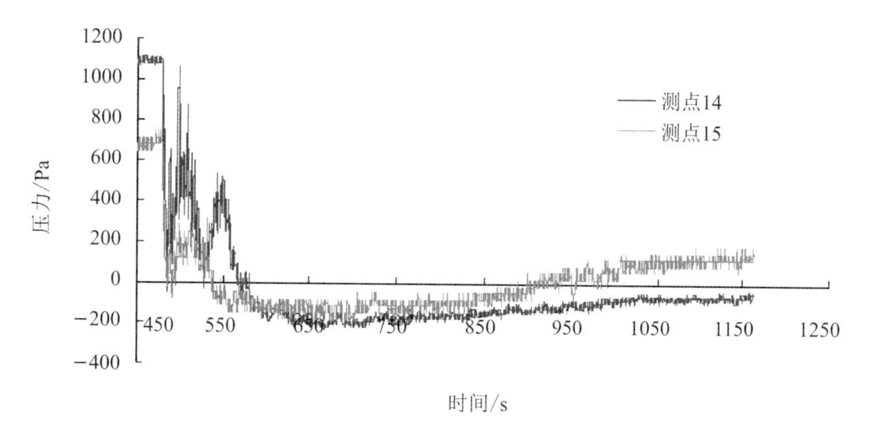

(e) 高度分别为 0.90 m、1.00 m 的测点 14、15 压力变化曲线

图 4.10　45°倾角漏斗卸料时不同高度测点的动态侧压力变化曲线

图 4.11(a)为 45°倾角漏斗卸料时动态侧压力和静态侧压力的对比，图 4.11(b)为超压系数分布。表 4.5 给出了各测点动态侧压力相对于静态侧压力的增幅。

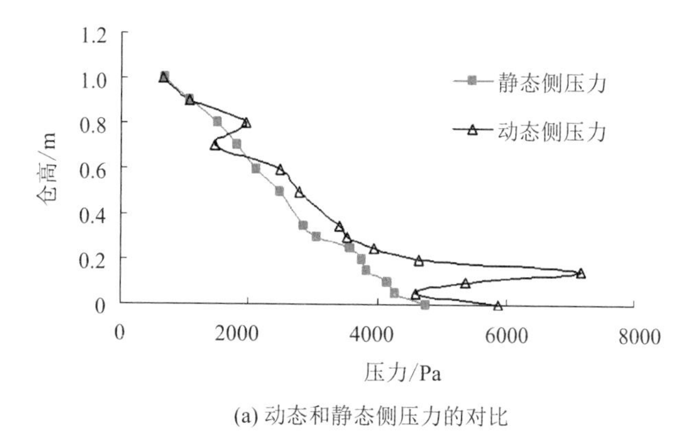

(a) 动态和静态侧压力的对比

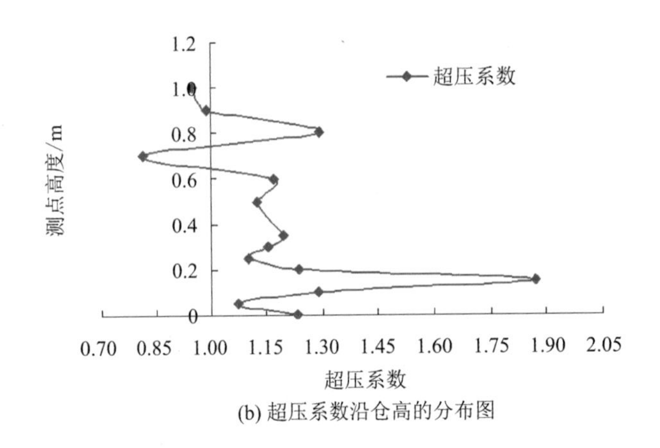

(b) 超压系数沿仓高的分布图

图 4.11 45°倾角漏斗卸料时仓壁不同高度的侧压力及超压系数

由图 4.11 可知，绝大多数测点的动态侧压力大于静态侧压力，最大动态侧压力出现在 0.15 m 高度处，最大超压系数达到 1.87。在仓壁上半部 0.8 m 高度处超压系数达到 1.29，而在 0.7 m、0.9 m、1.0 m 高度处测点的超压系数均小于 1.0。

表 4.5 45°倾角漏斗卸料时各测点的压力增大值

测点高度/m	0.00	0.05	0.10	0.15	0.20	0.25	0.30	0.35	0.50	0.60	0.70	0.80	0.90	1.00
静态侧压力/Pa	4762.31	4267.06	4154.40	3832.68	3752.25	3582.09	3049.68	2858.33	2482.40	2118.67	1806.19	1510.12	1077.09	680.02
动态侧压力/Pa	5868.89	4581.46	5361.51	7166.14	4632.75	3940.62	3518.52	3410.00	2791.02	2483.98	1470.81	1954.20	1063.88	646.89
压力增大值/Pa	1106.58	314.40	1207.11	3333.46	880.50	358.53	468.84	551.67	308.62	365.31	−335.38	444.08	−13.20	−33.13
压力增大幅度	23.24%	7.37%	29.06%	86.97%	23.47%	10.01%	15.37%	19.30%	12.43%	17.24%	−18.57%	29.41%	−1.23%	−4.87%

由表 4.5 中的压力增大幅值可知，增大幅值超过 50％的测点高度为 0.15 m，此处超压较大，压力增大达 3333.46 Pa。说明超压较大处出现在仓壁和漏斗交接处上部一小段高度处。

3. 30°倾角漏斗的动态侧压力测试结果

30°倾角漏斗的模型仓卸料时各测点的动态侧，压力变化数据如图 4.12 所示。

由图 4.12 可以看出：在高度为 0 m 的测点 1 处压力有明显下降；在高度分别为 0.05 m、0.1 m、0.2 m、0.25 m、0.3 m、0.35 m、0.4 m、0.5 m 的测点 2、3、5、6、7、8、9、10 处，压力先突然上升，然后迅速下降至一低值后又有回升，再波动下降；在高度分别为 0.15 m、0.6 m、0.7 m、0.8 m、0.9 m、1.0 m 的测点 4、11、12、13、14、15 处，压力增压先较大，然后又波动下降。

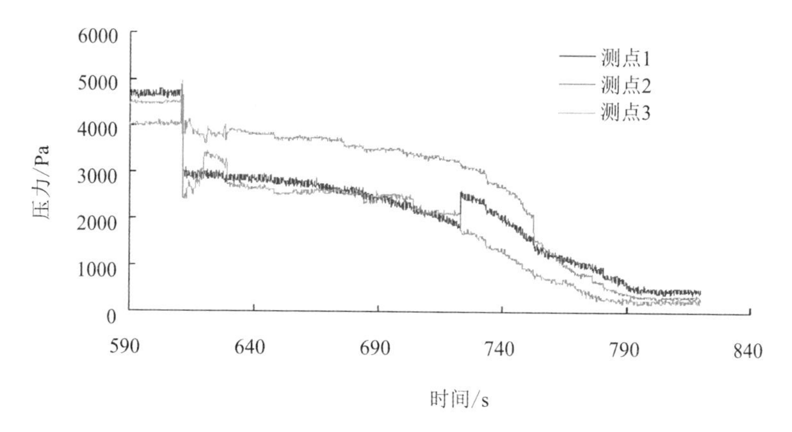

(a) 高度分别为 0 m、0.05 m、0.1 m 的测点 1、2、3 压力变化曲线

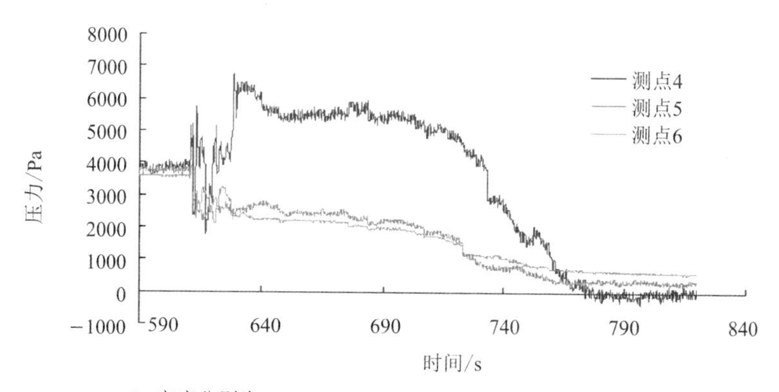

(b) 高度分别为 0.15 m、0.20 m、0.25 m 的测点 4、5、6 压力变化曲线

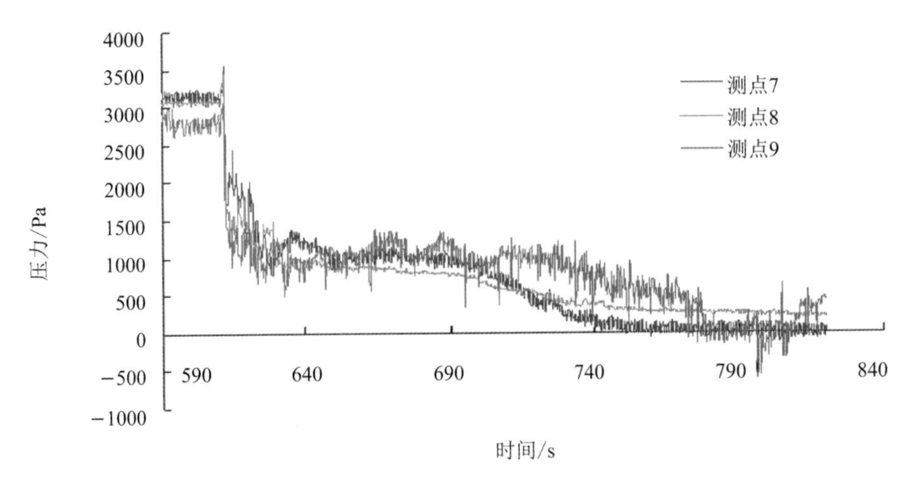

(c) 高度分别为 0.30 m、0.35 m、0.40 m 的测点7、8、9 压力变化曲线

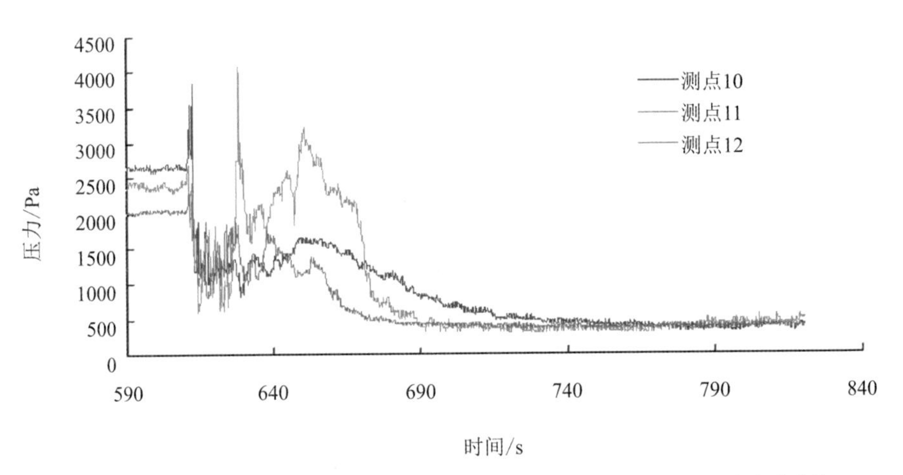

(d) 高度分别为 0.50 m、0.60 m、0. 70 m 的测点 10、11、12 压力变化曲线

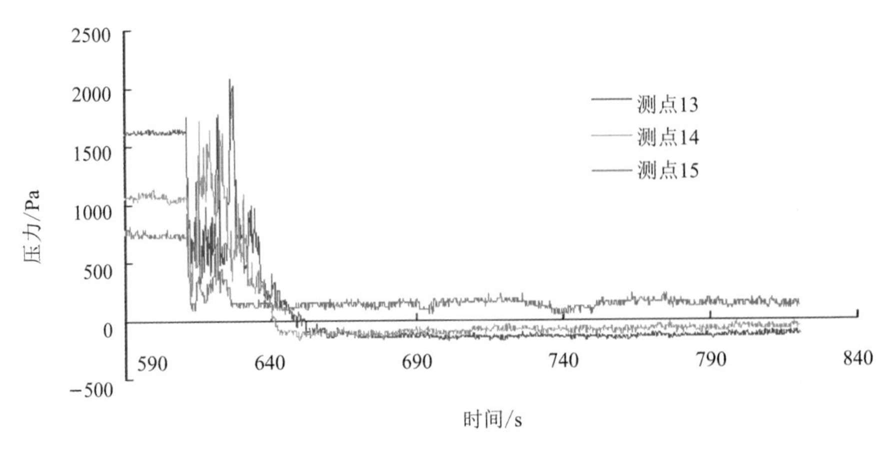

(e) 高度分别为 0.80 m、0.90 m、1.00 m 的测点 13、14、15 的压力变化曲线

图 4.12　30°倾角漏斗卸料时不同高度测点的动态侧压力变化曲线

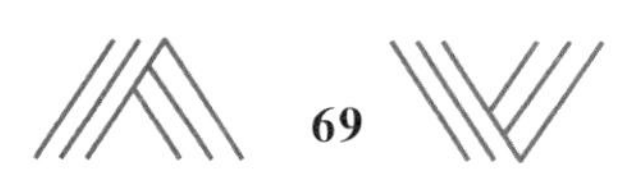

图 4.13(a)为 30°倾角漏斗卸料时动态侧压力和静态侧压力的对比，图 4.13(b)为超压系数分布。表 4.6 给出了各测点动态侧压力相对于静态侧压力的增幅。

由图 4.13 可知：绝大多数测点的动态侧压力大于静态侧压力，最大动态侧压力出现在 0.15 m 高度处，在仓壁的下半部，最大超压系数达到 1.78；在仓壁中部 0.6 m 高度处超压系数较大，达到 1.73；在仓壁上半部 0.9 m 高度处超压系数达到 1.61；而在仓壁与漏斗交接处的测点超压系数小于 1.0。

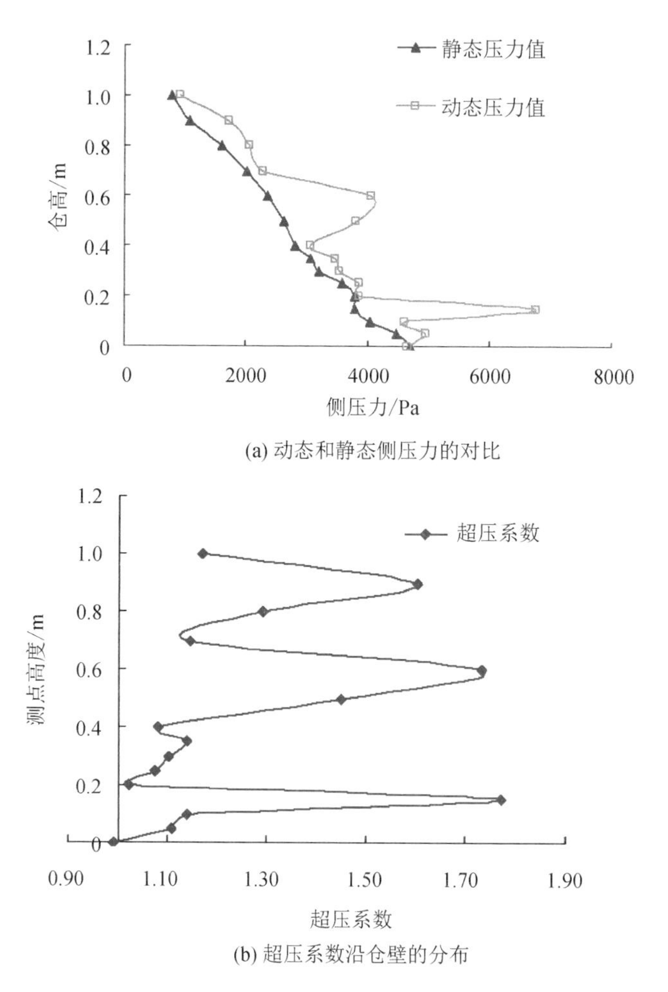

(a) 动态和静态侧压力的对比

(b) 超压系数沿仓壁的分布

图 4.13　30°倾角漏斗卸料时仓壁不同高度的侧压力及超压系数

由表 4.6 的压力增大幅值可知，增大幅值超过 50%的测点高度分别为 0.15 m、0.60 m、0.90 m，这几处超压较大，最大压力增大 2951.1 Pa，说明超压较大处出现在筒仓下部、中部和上部局部区域。

表 4.6　30°倾角漏斗卸料时各测点的压力增大值

测点高度/m	0.00	0.05	0.10	0.15	0.20	0.25	0.30	0.35	0.40	0.50	0.60	0.70	0.80	0.90	1.00
静态侧压力/Pa	4717.2	4491.7	4068.3	3805.6	3799.1	3588.7	3214.8	3062.5	2828.9	2635.8	2351.1	2007.8	1600.6	1066.0	779.4
动态侧压力/Pa	4676.3	4984.7	4636.5	6756.7	3881.2	3862.5	3545.5	3486.4	3061.3	3825.4	4078.1	2298.0	2069.2	1712.5	911.9
压力增大值/Pa	−41.0	493.0	568.1	2951.1	82.1	273.8	330.8	423.9	232.4	1189.6	1726.9	290.2	468.6	646.5	132.5
压力增大幅度	−0.9%	11.0%	14.0%	77.5%	2.2%	7.6%	10.3%	13.8%	8.2%	45.1%	73.5%	14.5%	29.3%	60.6%	17.0%

4.5　测试结果分析

4.5.1　静态侧压力的测试值和有限元模拟值的结果分析

本章用有限元法对模型仓进行了侧压力模拟，并通过试验实测得到侧压力数据。本节将考虑贮料为塑性时的有限元计算侧压力和试验测试的静态侧压力进行对比。

图 4.14 为试验的静态侧压力和模型的静态侧压力。图中，将按式(3.6)和式(3.7)计算得到的侧压力值记为 Janssen1，将按式(3.8)和式(3.6)计算得到的侧压力值记为 Janssen2。

由图 4.14 可以看出：

(1) 不同倾角漏斗的试验测试值均小于模拟的静态侧压力值，45°和 30°倾角漏斗的静侧压力在仓壁和漏斗交接处与模拟值接近。

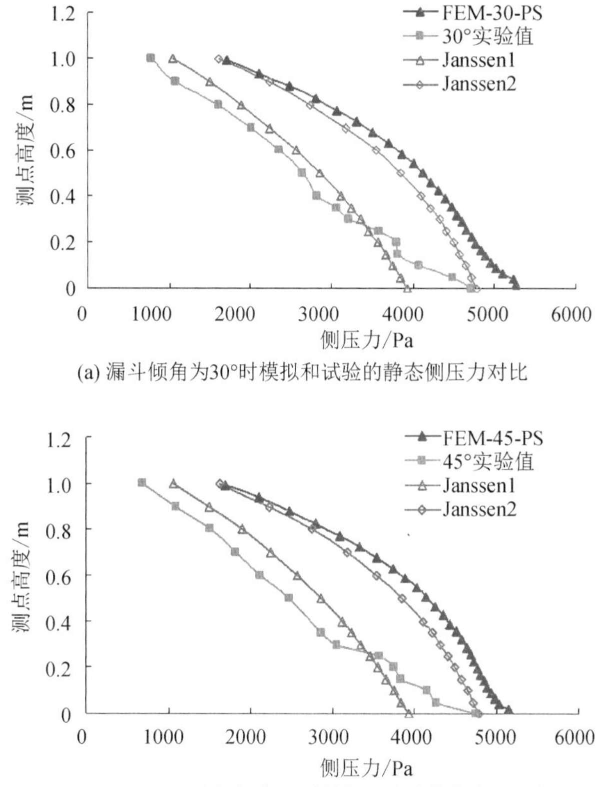

(a) 漏斗倾角为30°时模拟和试验的静态侧压力对比

(b) 漏斗倾角为45°时模拟和试验的静态侧压力对比

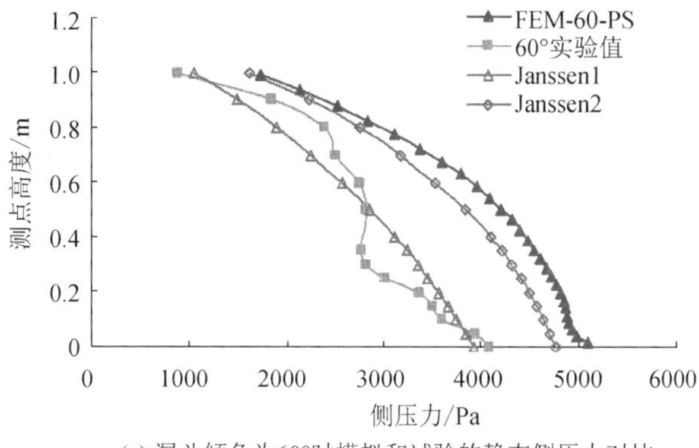

(c) 漏斗倾角为60°时模拟和试验的静态侧压力对比

图 4.14　不同倾角漏斗的仓壁静态侧压力模拟值和试验值对比

(2) 30°和 45°倾角漏斗试验测试值在仓壁 0.25 m 高度以上和 Janssen1 更接近，在 0.25 m 高度以下则介于 Janssen1 和 Janssen2 之间，60°倾角漏斗的侧压力在仓壁上部大于 Janssen1，在仓壁下部则小于 Janssen1。以上分析可知，试验测试值在仓壁上部分布于 Janssen1 左右，而在仓壁下部和 Janssen2 比较接近。

（3）三种倾角漏斗的模拟值均大于 Janssen2 和试验测试值。

（4）三种倾角漏斗下的试验测试值不相同，但都分布在 Janssen1 附近，且三种倾角漏斗下的模拟值相差很小，可以说明漏斗倾角对筒仓静态侧压力的影响比较小。

通过静态侧压力的模拟和试验发现，筒仓的静态侧压力用 Janssen 公式计算并不准确。Janssen 理论是取筒仓内贮料的微厚元静力平衡条件推导出的，并假设散体物料在任一点处的水平压力 p_h 与垂直压力 p_v 成正比，即 $p_h = kp_v$，而 k 取值不同，求出的侧压力也是不同的。如今各国的筒仓设计规范及有关文献中，对筒仓贮料侧压力系数有多种不同的取值方法，大致有如下几种情形：

（1）按主动土压力系数取值，计算公式为

$$k = \frac{1 - \sin\varphi}{1 + \sin\varphi} \tag{4.2}$$

式中，k——侧压力系数；

φ——贮料内摩擦角。

（2）按考虑仓壁摩擦贮料微平衡条件求得的公式计算，其中一种表达方式为

$$k = \frac{1 - \sin\varphi\cos2\theta}{1 + \sin\varphi\cos2\theta} \tag{4.3}$$

$$\theta = \frac{\arcsin(\sin\delta/\sin\varphi) - \delta}{2} \tag{4.4}$$

式中，δ——贮料与仓壁的摩擦角。

另一种表达方式为

$$k = \frac{1 + \sin^2\varphi - 2\sqrt{\sin^2 - \mu^2\cos^2\varphi}}{4\mu^2 + \cos^2\varphi} \geqslant 0.35 \tag{4.5}$$

式中，μ——贮料与仓壁间的摩擦系数。

（3）按静止土压力系数或乘以系数取值的计算公式为

$$k = 1 - \sin\varphi \tag{4.6}$$

$$k = 1.1(1 - \sin\varphi) \tag{4.7}$$

$$k \approx 1.2(1 - \sin\varphi) \tag{4.8}$$

本次试验用标准砂的内摩擦角 $\varphi = 30°$，标准砂与仓壁的摩擦系数 $\mu = 0.4$，把该标准砂的参数代入以上六种计算中的对比结果如表 4.7 所示。

表 4.7　不同计算方法的 k 值

选用公式	式(4.2)	式(4.3)	式(4.5)	式(4.6)	式(4.7)	式(4.8)
k	0.333	0.394	0.381	0.5	0.55	0.6

Janssen 计算中采用式(4.2)计算 k 值，对于筒仓下部的压力计算偏小，所以按主动土压力系数确定的侧压力系数取值偏低；按考虑仓壁摩擦力贮料微体平衡条件求得的公式计算侧压力系数，对于低摩擦系数的仓壁取值也是偏低。这两种方法用于筒仓设计均不安全。

制约侧压力系数取值的主要因素，除贮料内摩擦角外，还有贮料与仓壁间的摩擦系数。本章经试验和模拟建议采用如下公式：

$$k = \lambda(1 - \sin\varphi) \tag{4.9}$$

其中，系数 λ 为一无量纲系数，随贮料与仓壁间摩擦系数 μ 的提高而增大，本书建议 λ 的取值范围为 $0.7 \leqslant \lambda \leqslant 1.1$。就本次试验数据计算，当 $\lambda = 0.93$ 时，$k = 0.465$，计算出在仓壁底部的侧压力值和试验测得的压力值吻合。

4.5.2　动态侧压力的测试值和有限元模拟值的结果分析

图 4.15 为三种倾角漏斗的试验侧压力及模拟侧压力对比。图中，FEM-30-dynamic、FEM-45-dynamic、FEM-60-dynamic 分别为 30°、45°、60°倾角漏斗模拟的动态侧压力。

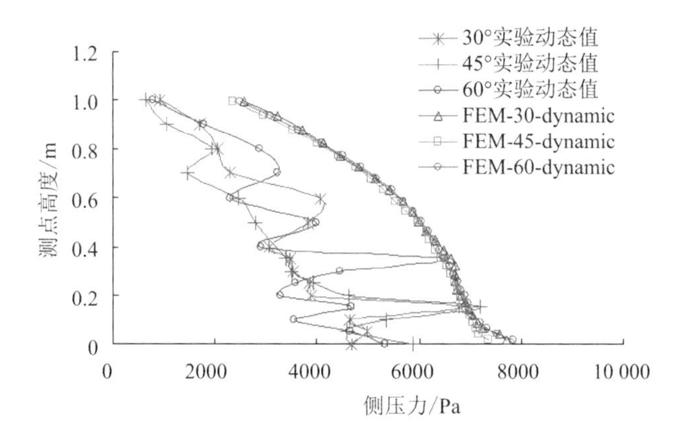

图 4.15　不同倾角漏斗的试验和模拟动态侧压力对比

由图 4.15 可知，60°倾角漏斗卸料时的动态侧压力在筒仓下半部比 45°和 30°倾角漏斗卸料时的动态侧压力小，但在筒仓上部三分之一范围内比 45°和 30°倾角漏斗大。

而45°倾角漏斗卸料时的动态侧压力在筒仓下部三分之一范围内要大于60°和30°倾角时的侧压力，在上部小于60°和30°倾角漏斗的动态侧压力。30°倾角漏斗卸料时的动态侧压力在筒仓的下部和中部均增大的较大。60°倾角漏斗卸料时超压系数最大值产生的高度较45°和30°倾角漏斗要高。45°和30°倾角漏斗产生的侧压力最大超压系数均在0.3 m高度，而30°倾角漏斗卸料时超压系数在0.3 m高度上仍有较大情况出现。

从流动形态看，贮料的流动可分为两种类型：一种属于整体流动，即卸料时整个贮料随之而动；另一种属于管状流动或称为漏斗状流动，即卸料时贮料从其内部形成的流动腔中流动。贮料处于管状流动时产生的动态侧压力，要大大小于整体流动时产生的动态侧压力。试验观察了卸料时筒仓内的贮料流动形态变化，在刚开始卸料时，筒仓顶部的贮料会整体下降，即产生整体流动，在中部、下部的贮料仅有中间的贮料会流动卸出，即产生管状流动，而筒仓周围会产生死料区，如图4.16所示。

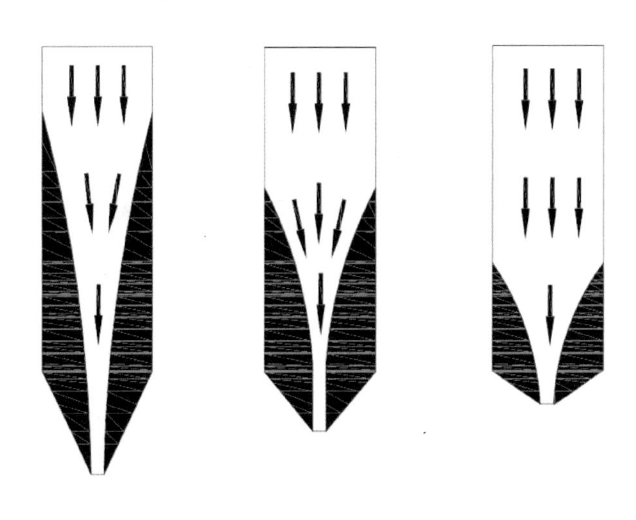

图4.16 60°、45°、30°倾角漏斗的贮料流动形态分布图

试验观察发现60°倾角漏斗卸料时产生的死料区最高，30°倾角漏斗产生的死料区最低，卸料开始的瞬间，整个筒仓内的贮料会在重力作用下产生一向下的加速度，使贮料在竖向的压力瞬间增大，贮料对筒壁的水平压力也相应增大。然后下部的贮料会立即卸出，上部的贮料不断下落，使内部侧压力下降，所以测试结果显示卸料瞬间侧压力均先增大再下降。

由于砂的流动性非常大，筒仓内形成上部整体流动，下部漏斗流动，使筒仓内形成一死料区，死料区内的贮料在刚开始卸料时有侧压力增大现象，而后增大幅度较小。在死料区上部，贮料一直下降，并不断地成拱破拱，使这一区域的侧压力增加较大，所以

试验显示三种漏斗卸料时在仓壁下部的超压系数均不是最大。

图 4.17 为模拟的动态侧压力和试验测试的动态侧压力。其中：GB1 表示按我国规范式(3.9)，侧压力系数取 $k=\tan^2(45°-\varphi/2)$ 计算的侧压力值；GB2 表示按我国规范公式将侧压力系数取 $k=1.1(1-\sin\varphi)$ 计算的侧压力值。

由图 4.17 可以看出：

(1) 试验测试的动态侧压力在某些测点有增大较大现象，模拟的动态侧压力沿仓壁从上到下增幅逐渐变大。

(2) 30°和 60°倾角漏斗试验测试的动态侧压力最大值和模拟的动态侧压力十分接近，45°倾角漏斗试验测试的动态侧压力最大值比模拟的动态侧压力大 257 Pa。模拟的动态侧压力基本可以作为试验中动态侧压力的包络值，说明用有限元法计算贮料卸料时产生的动态侧压力的方法是可行的。

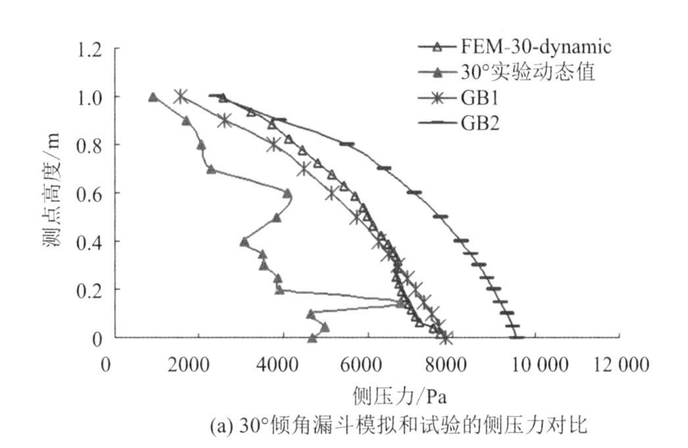

(a) 30°倾角漏斗模拟和试验的侧压力对比

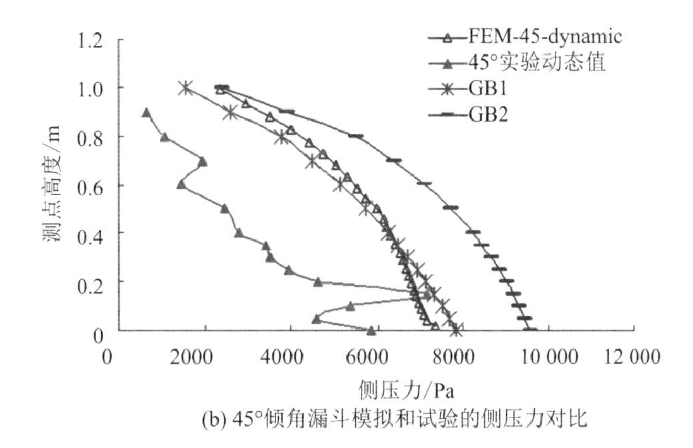

(b) 45°倾角漏斗模拟和试验的侧压力对比

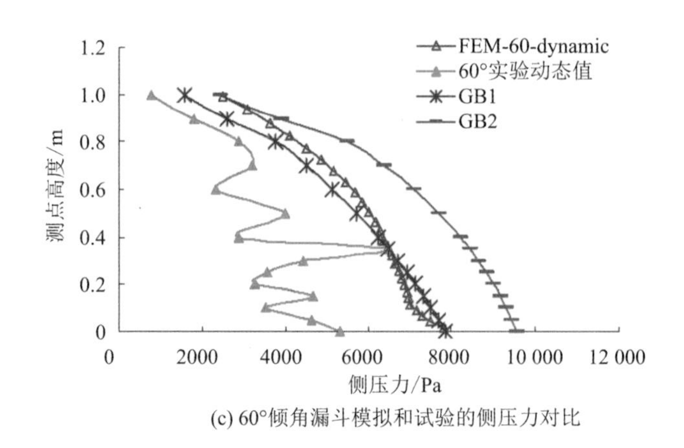

(c) 60°倾角漏斗模拟和试验的侧压力对比

图 4.17 不同倾角漏斗仓壁动态侧压力的模拟值和试验值对比

(3) 试验测试的动态侧压力在最大值处和 GB1 十分接近，在其他测点则小于 GB1。而模拟的动态侧压力在仓壁 1.0～1.2 m 高度范围内和 GB2 基本吻合，在 0.35～1.0 m 高度范围内介于 GB1 和 GB2 之间，0.35 m 高度以下则小于 GB1。

试验中动态侧压力增大的点仅在个别点有较大增长，在其他测点增大幅度较小，而模拟结果和 Janssen 动态值则在整个仓高范围均有较大增长。试验中仓内贮料的卸出与该贮料的物理性质有很大关系，贮料的特性不同，卸出时的流动形态就不同。另外在卸料时筒仓内贮料的流动形态不是一种，而是混合的多种形态，所以理论计算与模拟很难完全与试验中的情况吻合，但其结果有共同的特征。

至今为止对贮料卸出时产生的动态侧压力尚没有公认的公式计算方法，因此用有限元法模拟动态侧压力不失为一种较好的方法。

目前在各国筒仓的设计规范中，均通过对 Janssen 公式(1.3)乘以一修正系数的方法考虑贮料卸出时动态侧压力会增大的现象，但此系数的取法也不相同，许多国家通过试验的方法去确定这一系数。其中，日本于 1967 年在日本神户市增田粉厂建立了一座原料立筒仓，是 8 个内径为 7 m 的筒仓群体，工程完毕后进行了满仓及卸料时的仓壁侧压力测定，测试出仓壁的最大静态侧压力为 37 kN/m^2，卸料时的最大动态侧压力为 150 kN/m^2，动态侧压力值为静态侧压力值的 4 倍以上。日本筒仓规范中对侧压力修正系数的取值如图 4.18 所示。

苏联采用了引入修正系数 α 的方法计算筒仓的动态侧压力，取于《散料体筒仓设计规范》(CH302～65)荷载部分 3.2 条的附录。

对行布置的钢筋混凝土圆形仓群：

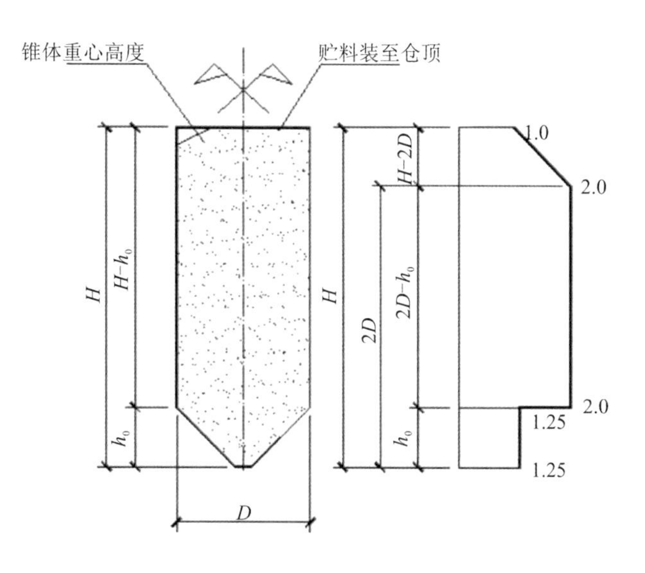

图 4.18　日本规范中卸料时的动态侧压力系数值

外仓的下部区段(占仓壁高度的 2/3)，$\alpha=2.0$；上部区段(占仓壁高度的 1/3)，$\alpha=1.0$。

内仓的下部区段(占仓壁高度的 2/3)，$\alpha=2.0$；上部区段(占仓壁高度的 1/3)，$\alpha=1.0$。

对于边长在 4 m 以下的钢筋混凝土方形仓群：

外仓内仓的下部区段(占仓壁高度的 2/3)，$\alpha=2.0$；外仓内仓的上部区段(占仓壁高度的 1/3)，$\alpha=1.0$。

我国的筒仓规范中对动态侧压力修正系数 C_h 取法中还规定：当 $h_n/d_n>3$ 时，C_h 值应乘以系数 1.1，对于流动性差的散料，C_h 可乘以系数 0.9。其中，h_n 为贮料的计算高度，d_n 为圆形筒仓内径。

由以上对比可知各国对侧压力修正系数的取值方法有所不同。观察本章中试验和模拟的动态侧压力分布图 4.11 可知，GB1(按我国 2002 年筒仓规范中的侧压力计算方法计算的侧压力)可以包络本章试验测试的动态侧压力，但和模拟的侧压力相比，在沿仓壁0.35 m 高度以上均偏小。本章中的动态侧压力试验受测试仪器精度限制仅使用干砂做贮料进行试验，而动态侧压力与贮料的特性、流动形态以及砂与仓壁的摩擦系数等很多因素有关，所以本章的试验结果不能完全说明动态侧压力的分布趋势。

本章通过试验和多次有限元计算，并对其结果进行了认真分析总结，对《钢筋混凝土筒仓设计规范》中动态侧压力的计算作如下修正：计算公式仍按公式(3.8)计算，但

其中侧压力系数 $k=1.1(1-\sin\varphi)$。侧压力修正系数的取法分两种情形：① 对于贮料重力密度小于等于 1000 kg/m^3 的情况，修正系数取 2.0；② 对于贮料重力密度大于 1000 kg/m^3 的情况，修正系数随重力密度增大而增大，取 2.0～2.5 之间。

4.6 本章小结

本章通过对 60°、45°、30°不同倾角漏斗的静态与动态侧压力试验及模拟试验对比，得出以下结论：

(1) 试验测试静态侧压力值分布于 Janssen1 左右，在仓壁下部和 Janssen2 比较接近。三种倾角漏斗的模拟静态侧压力值均大于 Janssen2 和试验测试值。三种倾角漏斗的模拟值相差很小，可以说明漏斗倾角对筒仓静态侧压力的影响比较小。

(2) 试验中观察得出仓内的贮料流动形态变化：在刚开始卸料时，筒仓顶部的贮料会整体下降，即产生整体流动；在中部、下部的贮料仅有中间贮料会流动卸出，即产生管状流动，而在仓壁下部周围会出现死料区。

(3) 由试验结果可知，漏斗倾角越大，超压最大值出现的位置越靠上。

(4) 试验测试的动态侧压力在某些测点有增大较大现象，模拟的动态侧压力沿仓壁从上到下增幅逐渐变大。

(5) 有限元模拟的静态侧压力和 Janssen2 比较接近，模拟的动态侧压力和试验测试得到的动态侧压力最大值较接近，可以说明用有限元法模拟贮料对仓壁产生的静态和动态侧压力是可行的。

(6) 本章通过试验和多次有限元计算，并对其结果进行了认真分析总结，对《钢筋混凝土筒仓设计规范》中动态侧压力的计算作如下修正：计算公式仍按式(3.8)计算，但其中侧压力系数 $k=1.1(1-\sin\varphi)$。侧压力修正系数的取法分两种情形：① 对于贮料重力密度小于等于 1000 kg/m^3 的情况，修正系数取 2.0；② 对于贮料重力密度大于 1000 kg/m^3 的情况，修正系数随重力密度增大而增大，取 2.0～2.5 之间。

第五章 工程用钢筋混凝土立筒仓结构的有限元分析

5.1 概　述

本章通过对模型仓的试验和模拟，得到立筒仓仓壁的侧压力分布，并对试验和模拟结果进行分析，提出计算立筒仓侧压力的修正方法。本章将按第四章提出的侧压力计算方法，将计算的侧压力作为边界条件，并施加于一钢筋混凝土立筒仓模型，通过对此立筒仓进行静态的有限元计算，分析此立筒仓在该侧压力作用下的受力性能，以指导立筒仓设计。

5.2 钢筋混凝土立筒仓的有限元模拟分析

基于模型仓的试验结果和由有限元模拟得到的经验，本章对实际尺寸的立筒仓用有限元软件 ANSYS 进行结构模拟分析。

5.2.1 钢筋混凝土立筒仓计算模型的建立

模拟主要考察立筒仓仓壁的实际受力情况，所以建立模型时仅建立仓壁和其内部配筋的有限元模型。钢筋混凝土立筒仓的尺寸：仓高为24.08 m、内径为10 m、仓壁厚为0.22 m、C30的混凝土，环向钢筋为HRB335级、直径为18 mm、间距为140 mm、配双层、内外层间隔160 mm，纵向分布钢筋为HRB335级、直径为14 mm、间距为140 mm、配双层、内外层间隔160 mm，钢筋保护层厚度均为30 mm。

建立有限元模型时，混凝土选用Solid65单元，钢筋选用Link8单元，施加贮料对仓壁的侧压力和贮料摩擦力时选用Surf154单元。混凝土的材料参数：弹性模量为3.0×10^{10} N/m^2，泊松比为0.2，单轴抗拉强度标准值$f_t=2.01\times10^6$ Pa，裂缝张开传递系数为0.125，裂缝闭合传递系数为1.0。钢筋的材料参数：弹性模量为2.0×10^{11} N/m^2，泊松比为0.3。屈服应力为3.0×10^8 Pa。仓内贮料为小麦，其重力密度$\gamma=8000$ N/m^3，内摩擦角为25°，外摩擦角为21.8°。在仓壁的底端建立刚性垫片并施加X、Y、Z三个方向固定的边界条件。

立筒仓上的侧压力计算公式按修正的规范公式计算：

$$p_h = C_h \frac{\gamma\rho}{\mu}(1-e^{-\mu ks/\rho}) \tag{5.1}$$

$$k = 1.1(1-\sin\varphi) \tag{5.2}$$

式中，γ——储粮的重力密度；

μ——贮料对仓壁的摩擦系数；

ρ——水力半径，$\rho=F/L$（其中F为筒仓的横截面面积，L为筒仓的横截面周长）

k——主动侧压力系数；

φ——粮食的内摩擦角；

s——贮料顶面或储粮锥体重心至计算截面的距离；

C_h——筒仓侧压力修正系数；

p_h——深度为s处仓壁单位面积上的水平压力。

用有限元计算立筒仓上的摩擦力时将每个单元上的摩擦力加到该单元的4个节点上，每个节点上的摩擦力为

$$p_f = p_v\mu A/4 \tag{5.3}$$

式中，p_v——单元上的摩擦力；

A——该单元的面积。

为了保证计算收敛，应控制加载增量，可通过控制子步数来实现。设置子步数为30（实际计算时未必需要30个子步数）。迭代方法选择牛顿-辛普森法，即等刚度迭代法。

这是因为结构总节点数大约15万个，计算工作量很大，采用等刚度迭代法可以在保证计算收敛的前提下，减少计算时间。模拟计算为非线性计算，计算时打开大变形开关(收敛精度为0.01)，关闭压碎开关。

5.2.2　Solid65单元的基本属性

Solid65单元用来分析由混凝土、纤维混凝土以及岩石等材料组成的三维实体结构，钢筋的方向和含量可以在单元的实参数(Real Constant)中设置。众所周知，对于混凝土材料，当拉应力超过其抗拉强度时就会开裂，而当压应力大于其抗压强度或压应变超过其极限压应变时，将被压碎；同时，混凝土材料具有一定的塑性变形能力和蠕变能力。不同于混凝土，钢筋只能受拉或受压，而不能受剪切作用。为了反映这些特征，ANSYS程序中，Solid65单元被定义为三维实体单元，每个单元具有8个节点，每个节点有3个自由度，即在X、Y、Z方向的平移自由度，没有转动自由度。当给定的材料具有非线性性质时，该单元具有开裂和压碎的能力。

Solid65单元的基本属性包括：

(1) 每个单元有$2\times2\times2$个高斯积分点，所有材性分析都是基于高斯积分点进行的；

(2) 用弹性或弹塑性模型描述材料的受压行为；

(3) 破坏面由应力空间定义，当应力达到破坏面时，则出现压碎或开裂；

(4) 使用弥散固定裂缝模型，每个高斯积分点上最多有3条相互垂直的裂缝；

(5) 可以使用整体式钢筋模型。

1. Solid65单元的破坏面

Solid65单元的破坏面为改进的William-Warnke五参数破坏曲面，需要以下几个参数来加以定义：单轴受拉强度f_t、单轴受压强度f_c、双轴受压强度f_{bc}，以及在某一围压σ_h^a下的单轴受压强度f_2和双轴受压强度f_1。需要说明的是，ANSYS要求输入的是这些参数的绝对值。在缺少多轴试验参数的情况下，ANSYS只要求输入f_t和f_c，ANSYS默认$f_{bc}=1.2f_c$，$|\sigma_h^a|=\sqrt{3}f_c$，$f_1=1.45f_c$，$f_2=1.725f_c$。如果在ANSYS中给f_c赋一个负值，相当于受压破坏面不起作用，此时只需考虑受拉软化效应。

ANSYS中应力是否达到破坏面，可以用$F/f_c-S\geqslant0$(F为应力组合，S为破坏面的面积)进行判断。

为了反映混凝土在不同应力组合下的破坏行为，ANSYS 对混凝土的破坏面进行了分区。根据主应力 σ_1、σ_2、σ_3 之间的应力组合，分区可分为以下 4 种：

(1) 当 $0 \geqslant \sigma_1 \geqslant \sigma_2 \geqslant \sigma_3$ 时，压-压-压分区；

(2) 当 $\sigma_1 \geqslant 0 \geqslant \sigma_2 \geqslant \sigma_3$ 时，拉-压-压分区；

(3) 当 $\sigma_1 \geqslant \sigma_2 \geqslant 0 \geqslant \sigma_3$ 时，拉-拉-压分区；

(4) 当 $\sigma_1 \geqslant \sigma_2 \geqslant \sigma_3 \geqslant 0$ 时，拉-拉-拉分区。

下面介绍各个分区破坏面的定义。

(1) 压-压-压分区。

本分区使用的是 William-Warnke 五参数破坏曲面。

应力组合 F 的定义为

$$F = F_1 = \frac{1}{\sqrt{15}}\left[(\sigma_1 - \sigma_2)^2 + (\sigma_2 - \sigma_3)^2 + (\sigma_3 - \sigma_1)^2\right]^{\frac{1}{2}} \tag{5.4}$$

破坏面定义为

$$S = S_1 = \frac{2r_2(r_2^2 - r_1^2)\cos\eta + r_2(2r_1 - r_2)\left[4(r_2^2 - r_1^2)\cos^2\eta + 5r_1^2 - 4r_1r_2\right]^{\frac{1}{2}}}{4(r_2^2 - r_1^2)\cos^2\eta + (r_2 - 2r_1)^2} \tag{5.5}$$

式中：

$$\cos\eta = \frac{2\sigma_1 - \sigma_2 - \sigma_3}{\sqrt{2}\left[(\sigma_1 - \sigma_2)^2 + (\sigma_2 - \sigma_3)^2 + (\sigma_3 - \sigma_1)^2\right]^{\frac{1}{2}}} \tag{5.6}$$

受拉子午线

$$r_1 = a_0 + a_1\xi + a_2\xi^2 \tag{5.7}$$

受压子午线

$$r_2 = b_0 + b_1\xi + b_2\xi^2 \tag{5.8}$$

其中，$\xi = \dfrac{\sigma_h}{f_c}$，$a_0$、$a_1$、$a_2$ 和 b_0、b_1、b_2 为系数，可由以下公式求解得到：

$$\left\{\begin{array}{l} \dfrac{F_1}{f_c}(\sigma_1 = f_t,\ \sigma_2 = 0,\ \sigma_3 = 0) \\ \dfrac{F_1}{f_c}(\sigma_1 = 0,\ \sigma_2 = \sigma_3 = f_{bc}) \\ \dfrac{F_1}{f_c}(\sigma_1 = -\sigma_h^a,\ \sigma_2 = \sigma_3 = -\sigma_h^a - f_t) \end{array}\right\} = \begin{bmatrix} 1 & \xi_t & \xi_t^2 \\ 1 & \xi_{cb} & \xi_{cb}^2 \\ 1 & \xi_1 & \xi_1^2 \end{bmatrix} \begin{bmatrix} a_0 \\ a_1 \\ a_2 \end{bmatrix} \tag{5.9}$$

其中，$\xi_t=\frac{f_t}{3f_c}$，$\xi_{cb}=-\frac{2f_{cb}}{3f_c}$，$\xi_1=-\frac{\sigma_h^a}{f_c}-\frac{2f_t}{3f_c}$。

$$\begin{bmatrix} \frac{F_1}{f_c}(\sigma_1=0,\ \sigma_2=0,\ \sigma_3=f_c) \\ \frac{F_1}{f_c}(\sigma_1=\sigma_2=-\sigma_h^a,\ \sigma_3=-\sigma_h^a-f_2) \\ \frac{F_1}{f_c}(\sigma_1=\sigma_2=\sigma_3=0) \end{bmatrix}=\begin{bmatrix} 1 & \xi_c & \xi_c^2 \\ 1 & \xi_2 & \xi_2^2 \\ 1 & \xi_0 & \xi_0^2 \end{bmatrix}\begin{bmatrix} b_0 \\ b_1 \\ b_2 \end{bmatrix} \tag{5.10}$$

其中，$\xi_c=-\frac{f_2}{3f_c}$，$\xi_2=-\frac{\sigma_h^a}{f_c}-\frac{f_2}{3f_c}$，$\xi_0=\frac{-a_1+\sqrt{a_1^2-4a_0a_2}}{2a_0}$。

压-压-压分区相应的破坏曲面如图5.1所示，在该分区内，当应力达到破坏面时，混凝土发生压碎破坏，σ_h^a 应大于等于结构所受到的静水压力。

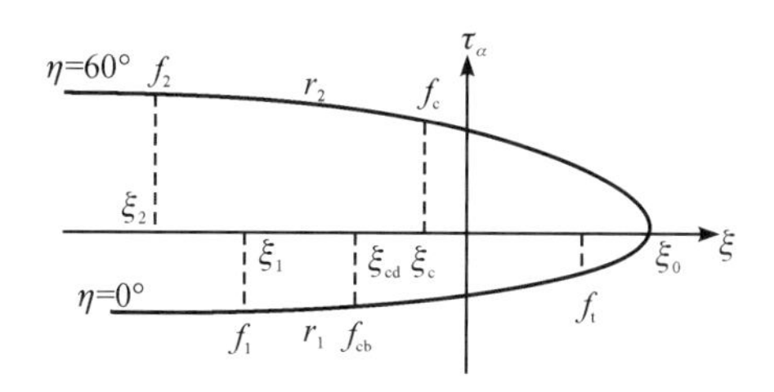

图5.1　ANSYS中混凝土的破坏曲面

(2) 拉-压-压破坏分区。

在该分区内，破坏面和 William-Warnke 破坏面基本相同，但是有所变化，拉应力不在应力组合中出现，只用于将破坏面作线性折减：

$$F=F_2=\frac{1}{\sqrt{15}}[(\sigma_2-\sigma_3)^2+\sigma_2^2+\sigma_3^2]^{1/2} \tag{5.11}$$

$$p_1=a_0+a_1\chi+a_2\chi^2 \tag{5.12}$$

$$p_2=b_0+b_1\chi+b_2\chi^2 \tag{5.13}$$

$$\chi=\frac{1}{3}(\sigma_2+\sigma_3) \tag{5.14}$$

当应力达到破坏面时，混凝土破坏按开裂处理。

(3) 拉-拉-压分区。

在该分区内，压应力不在应力组合中出现，而破坏面随压应力作线性折减：

$$F = F_3 = \sigma_i (i = 1, 2) \tag{5.15}$$

$$S = S_3 = \frac{f_t}{f_c}\left(1 + \frac{\sigma_3}{f_c}\right) \tag{5.16}$$

当应力达到破坏面时，混凝土破坏也按开裂处理。

(4) 拉-拉-拉分区。

在该分区内，混凝土的破坏面为 Rankine 的最大拉应力破坏面：

$$F = F_4 = \sigma_i (i = 1, 2, 3) \tag{5.17}$$

$$S = S_4 = \frac{f_t}{f_c} \tag{5.18}$$

当应力达到破坏面时，混凝土破坏也按开裂处理。

在拉-压-压分区和拉-拉-压分区中，当拉应力很小而压应力很大时($|\sigma_1/\sigma_3| < 0.05$)，混凝土还是会出现压碎破坏。由于压碎破坏收敛难度要大于开裂破坏，因此，ANSYS 仍然按开裂破坏来处理，以降低非线性分析的难度。这也体现了理论分析和工程实际之间的差别。

2. Solid65 单元的本构关系

Solid65 单元可以使用弹性或弹塑性本构关系来描述其受拉的应力应变关系，其中主要使用米泽斯屈服准则或 Drucker-Prager 屈服准则。在 ANSYS 中，塑性流动均为关联流动，使用米泽斯屈服准则时，可以选择等强硬化或随动硬化模型，使用 Drucker-Prager 准则时，则只能选择理想弹塑性模型。因此，Solid65 单元在本构模型的选择上比较有限，对于较高围压的混凝土是不适用的。

3. 压碎与开裂行为

在 Solid65 单元中，当应力组合达到破坏面时，单元会进入压碎或开裂状态。如果单元进入压碎状态，则单元刚度为 0，且应力会完全释放，这种情况可能会导致计算不收敛。

Solid65 单元中有一条裂缝时，混凝土的本构矩阵为

$$
\boldsymbol{D}_{\mathrm{cr}}=\frac{E}{1+\nu}\begin{bmatrix}
\frac{R^{t}(1+\nu)}{E} & 0 & 0 & 0 & 0 & 0 \\
0 & \frac{1}{1-\nu} & \frac{\nu}{1-\nu} & 0 & 0 & 0 \\
0 & \frac{\nu}{1-\nu} & \frac{1}{1-\nu} & 0 & 0 & 0 \\
0 & 0 & 0 & \frac{\beta_1}{2} & 0 & 0 \\
0 & 0 & 0 & 0 & \frac{1}{2} & 0 \\
0 & 0 & 0 & 0 & 0 & \frac{\beta_1}{2}
\end{bmatrix} \tag{5.19}
$$

其中：R^{t} 为开裂后混凝土的割线模量，如图 5.2 所示；β_1 为裂缝张开时的裂面剪力传递系数；E 为弹性模量；ν 为泊松比。图 5.2 中 T_{c} 为混凝土开裂软化系数，缺省时为 0.6。

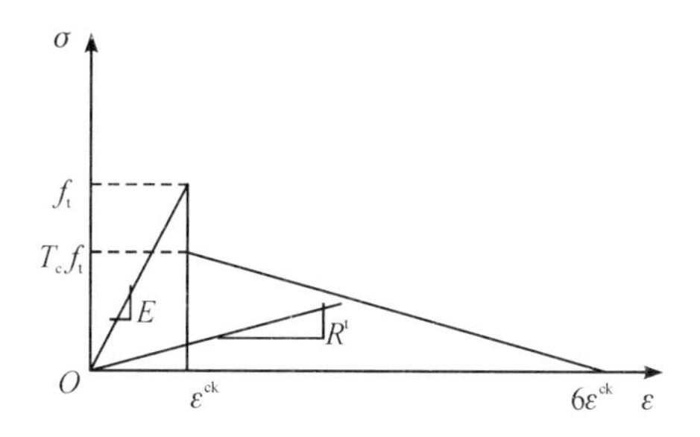

图 5.2　ANSYS 中混凝土的开裂软化曲线

Solid65 单元中有两条裂缝时，混凝土的本构矩阵为

$$
\boldsymbol{D}_{\mathrm{cr}}=E\begin{bmatrix}
\frac{R^{t}}{E} & 0 & 0 & 0 & 0 & 0 \\
0 & \frac{R^{t}}{E} & 0 & 0 & 0 & 0 \\
0 & 0 & 1 & 0 & 0 & 0 \\
0 & 0 & 0 & \frac{\beta_1}{2(1+\nu)} & 0 & 0 \\
0 & 0 & 0 & 0 & \frac{\beta_1}{2(1+\nu)} & 0 \\
0 & 0 & 0 & 0 & 0 & \frac{\beta_1}{2(1+\nu)}
\end{bmatrix} \tag{5.20}
$$

Solid65 单元中有三条裂缝时，混凝土的本构矩阵为

$$\boldsymbol{D}_{cr}=E\begin{bmatrix}\frac{R^t}{E} & 0 & 0 & 0 & 0 & 0\\ 0 & \frac{R^t}{E} & 0 & 0 & 0 & 0\\ 0 & 0 & \frac{R^t}{E} & 0 & 0 & 0\\ 0 & 0 & 0 & \frac{\beta_1}{2(1+\nu)} & 0 & 0\\ 0 & 0 & 0 & 0 & \frac{\beta_1}{2(1+\nu)} & 0\\ 0 & 0 & 0 & 0 & 0 & \frac{\beta_1}{2(1+\nu)}\end{bmatrix} \tag{5.21}$$

ANSYS 中，混凝土开裂后应变软化至 6 倍的开裂应变时，应力降至 0。

裂缝闭合后混凝土的本构矩阵为

$$\boldsymbol{D}_{cr}=\frac{E}{(1+\nu)(1-2\nu)}\begin{bmatrix}1-\nu & \nu & \nu & 0 & 0 & 0\\ \nu & 1-\nu & \nu & 0 & 0 & 0\\ \nu & \nu & 1-\nu & 0 & 0 & 0\\ 0 & 0 & 0 & \frac{\beta_c(1-2\nu)}{2} & 0 & 0\\ 0 & 0 & 0 & 0 & \frac{1-2\nu}{2} & 0\\ 0 & 0 & 0 & 0 & 0 & \frac{\beta_c(1-2\nu)}{2}\end{bmatrix} \tag{5.22}$$

其中，β_c 为闭合裂缝剪力传递系数，用来表示开裂引起的混凝土抗剪能力。ANSYS 中裂缝闭合的判据为开裂应变 $|\boldsymbol{\varepsilon}_{ck}^{ck}|<0$。

开裂应变 $\boldsymbol{\varepsilon}_{ck}^{ck}$ 的定义为

$$\boldsymbol{\varepsilon}_{ck}^{ck}=\begin{bmatrix}\varepsilon_1^{ck}+\frac{\nu}{1-\nu}(\varepsilon_2^{ck}+\varepsilon_3^{ck})\\ \varepsilon_1^{ck}+\nu\varepsilon_2^{ck}\\ \varepsilon_1^{ck}\end{bmatrix} \tag{5.23}$$

其中，$\varepsilon^{ck}=\boldsymbol{T}^{ck}\boldsymbol{\varepsilon}'$，$\boldsymbol{T}^{ck}$ 为坐标转换矩阵。

5.2.3　钢筋混凝土立筒仓的模拟结果及分析

将立筒仓剖分为六面体网格，如图5.3所示。对该立筒仓施加重力、侧压力和摩擦力及边界条件，如图5.4所示。对立筒仓进行非线性的求解计算，计算完成后取其X轴方向的变形图，如图5.5所示，其第一主应力分布图如图5.6所示。

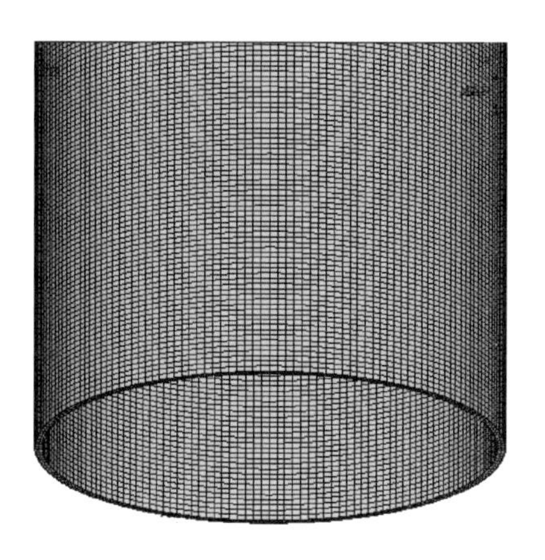

图5.3　立筒仓的网格剖分图

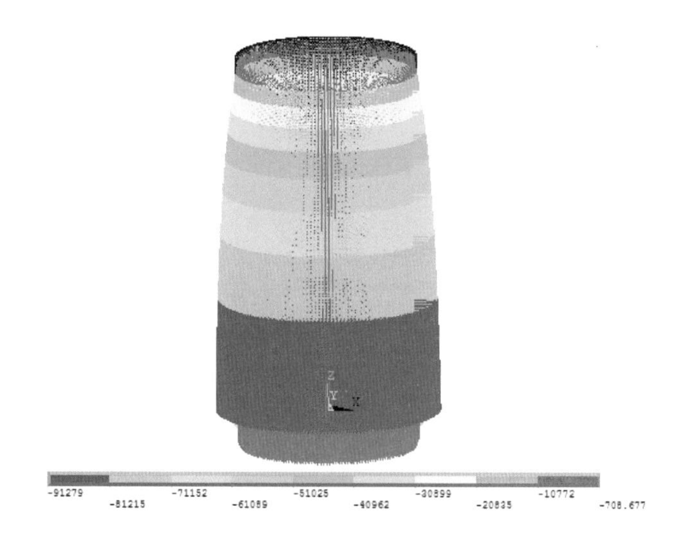

图5.4　立筒仓的加载图

图 5.5　立筒仓 X 轴方向的变形图

图 5.6　立筒仓的第一主应力分布图

立筒仓模型及加载均为轴对称的，相同高度处的变形和应力相同，所以只取沿仓高的节点观察其计算结果。分别取内壁和外壁沿仓壁不同高度处的一列节点的 X 方向变形，如图 5.7 所示，其中，横轴表示从仓壁底部到仓壁顶部各节点的高度，纵轴表示节点的变形量。由图 5.7 可知，内壁 X 方向的节点最大变形为 0.454 mm，外壁 X 方向的节点最大变形为 0.453 mm，最大值出现在距仓壁底端 2.4 m 高度处。

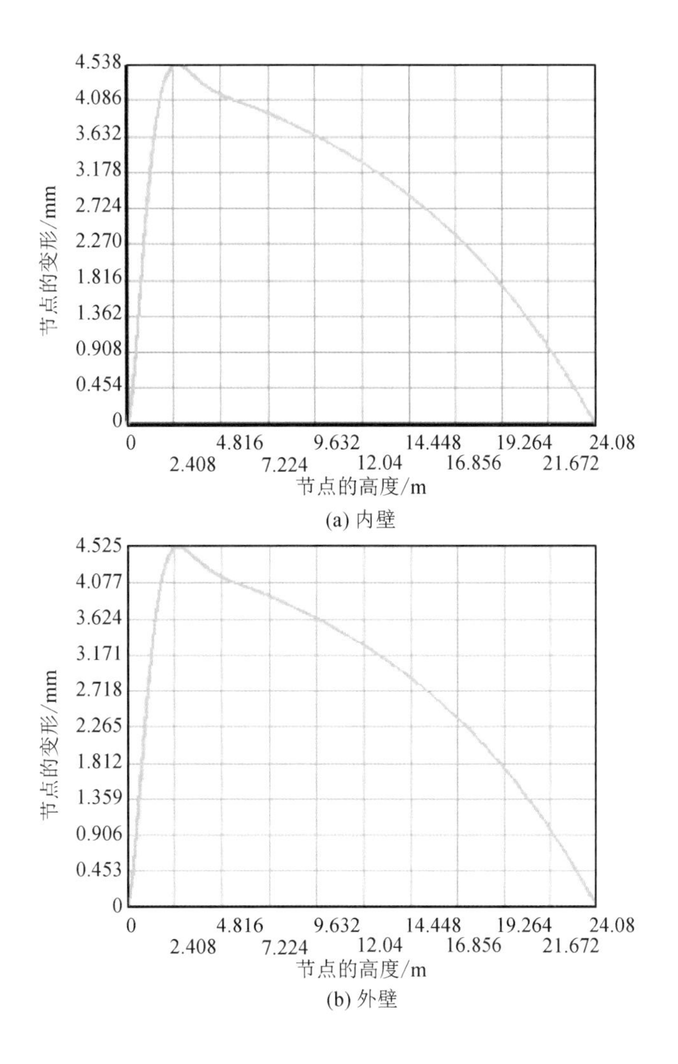

(a) 内壁

(b) 外壁

图 5.7 立筒仓内壁和外壁不同高度处的变形

将应力按第一和第二强度理论的应力和混凝土材料的标准抗拉强度进行对比分析，考察其是否达到开裂强度。立筒仓内壁和外壁的第一强度和第二强度理论应力分析如图 5.8 和图 5.9 所示。

立筒仓内的钢筋分为环向钢筋和纵向分布钢筋，这里主要分析钢筋的应力。环向钢筋在同一高度处有内外两层，其在不同高度处的应力如图 5.10 所示。纵向分布钢筋分内外两层，其在不同高度处的应力如图 5.11 所示。

由立筒仓内外壁上节点沿 X 轴的变形(图 5.7)可以看出，在距立筒仓底部 2.4 m 高度处，立筒仓的径向变形达到最大值。这是由于立筒仓底部施加了固定约束，使得变形最大处向上移动。所以，实际立筒仓的最大径向变形应该发生在其仓壁底部环梁及

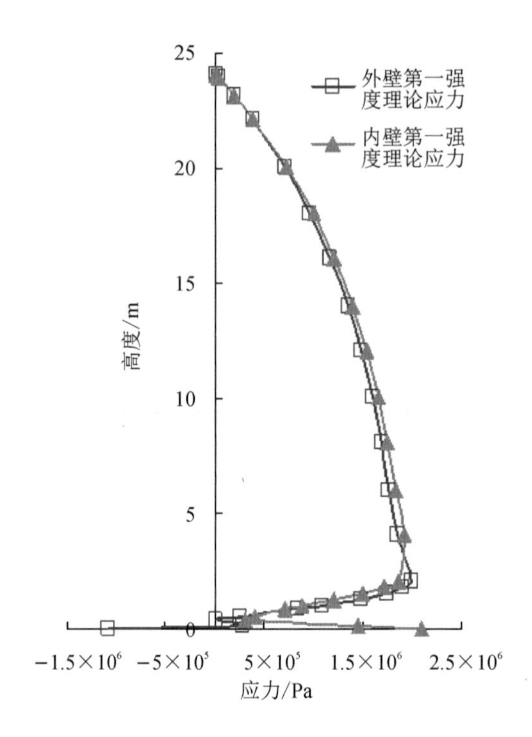

图 5.8　仓壁的第一强度理论应力分布图

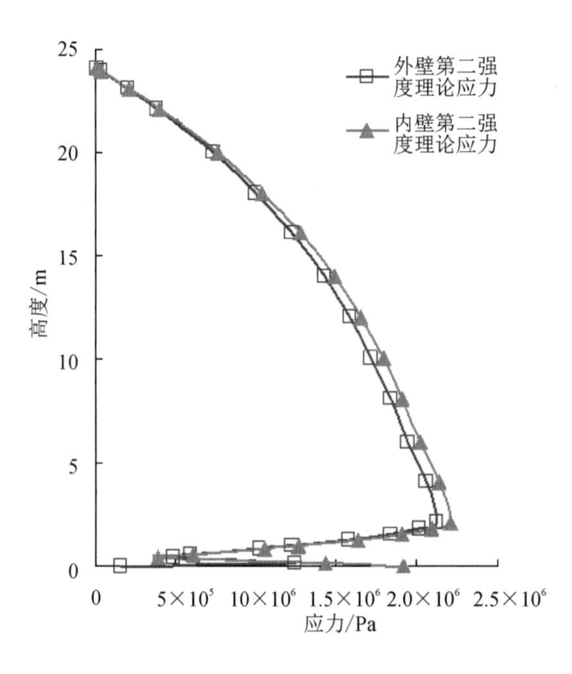

图 5.9　仓壁的第二强度理论应力分布图

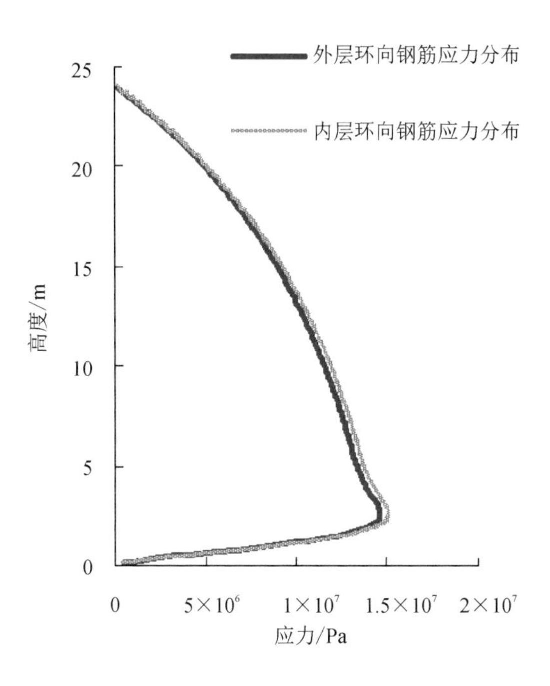

图 5.10　内外两层环向钢筋不同高度处的应力图

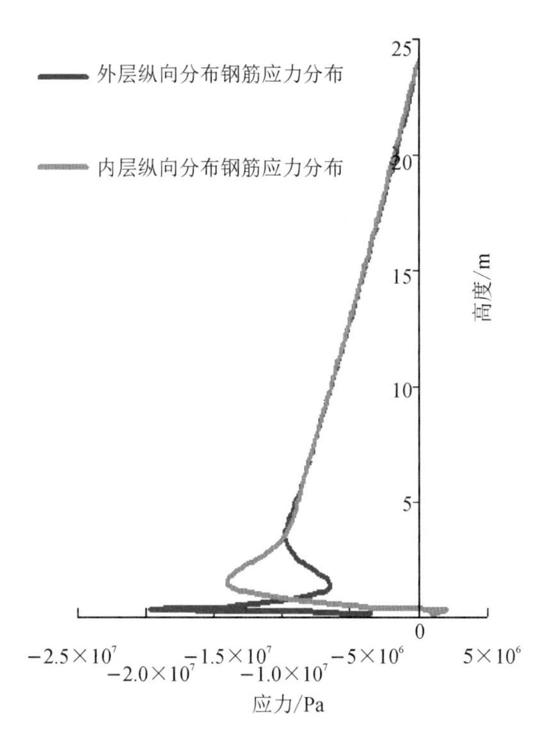

图 5.11　内外两层纵向分布钢筋不同高度处的应力图

环梁附近。

本次模拟是按C30混凝土进行计算的，其抗拉强度标准值为2.01 MPa。从第一强度理论应力分布图(5.8)可以看出：立筒仓内壁的最大应力为2.10×10^{6} Pa，发生在筒壁底部；立筒仓外壁的最大应力为1.99×10^{6} Pa，发生在2.1 m高度处；除立筒仓底部外，其他处的应力值均小于混凝土的抗拉强度标准值。从第二强度理论应力分布图(图5.9)可以看出：立筒仓外壁2.1～3.64 m高度处的应力大于混凝土的抗拉强度标准值，立筒仓内壁1.82～4.62 m高度处的应力大于混凝土的抗拉强度标准值，其他处的应力均小于混凝土的抗拉强度标准值。

立筒仓的侧压力在底部达到最大值，而第一、第二强度理论应力的最大值不出现在底部。因为立筒仓底部施加了固定约束，使立筒仓的最大变形出现在仓底以上2.408 m处。这说明立筒仓底部是设计的重要部位之一。如果在仓壁和漏斗处设一刚度较大的环梁，则其变形最大处会出现在环梁上部的仓壁上，这对立筒仓不利。合理设计仓壁和漏斗的交接处时，不仅要加强环梁的配筋，也要增加底部的仓壁配筋。此外，还应加大立筒仓下部的壁厚，以减小立筒仓底端的变形。立筒仓内壁第二强度理论应力在4.62 m高度以下达到混凝土的抗拉强度标准值，在此区域易出现裂缝，设计时应在此区域配置抗裂缝钢筋。

立筒仓中的钢筋采用HRB335级的热轧钢筋，其强度标准值为335 MPa，强度设计值为300 MPa。本次模拟结果显示：环向钢筋的最大应力为1.51×10^{7} Pa，纵向分布钢筋的最大应力为1.92×10^{7} Pa，这些应力值均小于该钢筋的强度设计值。

在立筒仓底部，立筒仓内外壁产生的应力较大，且极易出现裂缝。这是因为在粮食侧压力作用下，仓壁径向受压，产生径向压应力；同时，由于立筒仓重力及粮食竖向摩擦力的作用，仓壁在Z方向也受到压力作用，产生竖向压应力。这两种压应力随着高度的增加而减小，使仓壁混凝土处于两向受压、环向受拉的不利状态。当混凝土处于拉-压-压破坏分区时，破坏面只在William-Warnke破坏面的基础上作线性折减，即判断混凝土开裂的条件降低，裂缝的形成更容易。另外，从应力方面考虑，按照第四强度理论，此时的等效应力为

$$\sigma_{k}=\sqrt{\frac{1}{2}[(\sigma_{1k}-\sigma_{2k})^{2}+(\sigma_{2k}-\sigma_{3k})^{2}+(\sigma_{3k}-\sigma_{1k})^{2}]} \tag{5.24}$$

假定σ_{1k}是环向拉应力，为正值，σ_{2k}和σ_{3k}分别为径向压应力和竖向压应力，均为负值，于是

$$\sigma_{k} \geqslant \sqrt{\frac{1}{2}[(\sigma_{1k}-\sigma_{2k})^{2}+(\sigma_{3k}-\sigma_{1k})^{2}]} > \sigma_{1k} \tag{5.25}$$

即在拉-压-压应力状态下的等效应力大于单轴拉应力，易于达到开裂荷载。

在实际工程中，这种应力状态也是需要采取措施予以防止的：一方面可以通过增加底部仓壁厚度来增加其刚度，减小仓体的拉伸变形，同时减小竖向平均压应力；另一方面，可通过保证竖向分布钢筋的配置来减小"轴压比"，增加结构的延性。

按规范公式计算立筒仓的裂缝。计算公式为

$$\omega_{max}=\alpha_{c\gamma}\varphi\frac{\sigma_{sk}}{E_{s}}\left(1.9c+0.08\frac{d_{eq}}{\rho_{te}}\right) \tag{5.26}$$

$$\varphi=1.1-0.65\frac{f_{tk}}{\rho_{te}\sigma_{sk}} \tag{5.27}$$

$$N_{\theta}=\frac{p_{v}d}{2} \tag{5.28}$$

式中：d_{eq}——钢筋的等效直径；

$\alpha_{c\gamma}$——构件受力特征系数，按规范取2.7；

φ——裂缝间纵向受拉钢筋应变不均匀系数(当$\varphi<0.2$时，取$\varphi=0.2$；当$\varphi>1$时，取$\varphi=1$；对直接承受重复荷载的构件，取$\varphi=1$)；

σ_{sk}——按荷载效应的标准组合计算的钢筋混凝土构件纵向受拉钢筋应力；

E_{s}——钢筋的弹性模量；

c——最外层纵向受拉钢筋外边缘至受拉区底边的距离(当$c<20$时，取$c=20$；当$c>65$时，取$c=65$)；

p_{v}——仓壁竖向侧压力；

N_{θ}——钢筋轴力；

ρ_{te}——按有效受拉混凝土截面面积计算的纵向受拉钢筋配筋率，在最大裂缝宽度计算中，当$\rho_{te}<0.01$时，取$\rho_{te}=0.01$。

将相应数值代入，有：

$$\rho_{te}=1.65\%$$

$$\sigma_{sk}=\frac{N_{\theta}}{A_{s}}=\frac{p_{v}d/2}{\rho_{E}\times1\times0.22}=\left(\frac{91297\times10/2}{0.0165\times1\times0.22}\right)\text{ Pa}=1.25\times10^{8}\text{ Pa}$$

$$\varphi=1.1-0.65\frac{f_{tk}}{\rho_{te}\sigma_{sk}}=1.1-0.65\frac{2.01\times10^{6}\text{ Pa}}{0.0165\times125.553\times10^{6}\text{ Pa}}=0.469$$

$$\omega_{max}=\alpha_{c\gamma}\varphi\frac{\sigma_{sk}}{E_s}\left(1.9c+0.08\frac{d_{eq}}{\rho_{te}}\right)$$
$$=2.7\times0.469\times\frac{1.25\times10^8}{2.0\times10^{11}}\left(1.9\times0.030+0.08\frac{0.016}{0.0165}\right)$$
$$=0.1065\times10^{-3}\ \text{m}$$

$\omega_{max}=0.1065\ \text{mm}<0.2\ \text{mm}$，故满足规范对立筒仓的裂缝要求。

5.3 本章小结

本章通过对模型仓进行试验和模拟得出以下结论：

(1) 贮料在仓壁底部产生的侧压力最大，所以仓壁的最大变形会出现在仓壁和漏斗的交接处。如果环梁的刚度较大，则仓壁的最大变形会出现在环梁附近的仓壁上，所以在增大环梁配筋的同时也要加大底部仓壁的壁厚和配筋。

(2) 在立筒仓底部，立筒仓的内外壁产生的应力较大，且极易出现裂缝。这是因为在粮食侧压力作用下，仓壁径向受压，产生径向压应力；同时，由于立筒仓重力及粮食竖向摩擦力的作用，仓壁在 Z 方向也受到压力作用，产生竖向压应力。这两种压应力随着高度的增加而减小，使仓壁混凝土处于两向受压、环向受拉的不利状态。对此不利状态可采取如下措施予以防止：一方面通过增加底部仓壁厚度来增加其刚度，减小仓体的拉伸变形，同时减小竖向平均压应力；另一方面，通过保证竖向分布钢筋的配置来减小“轴压比”，增加结构的延性。

第六章 钢板仓模型及其地震波加载设计

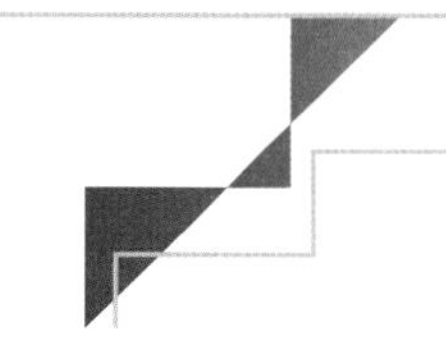

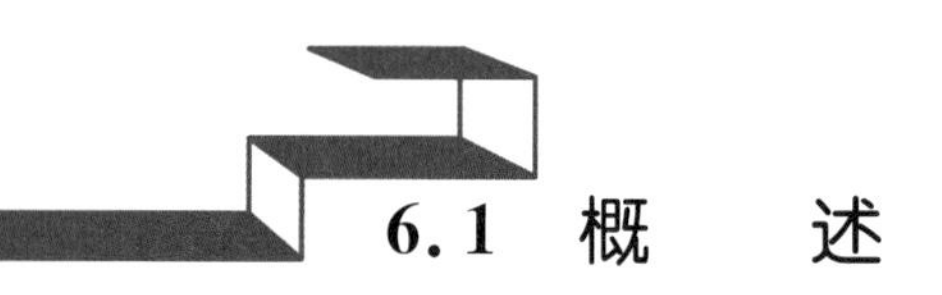

6.1 概　　述

为研究高架钢板仓在地震作用下的动态侧压力机理，本章以湖南省岳阳市某粮食储备库的钢板仓为原型，根据原型设计缩尺比例模型并进行有限元数值模拟，为后续振动台试验提供参考和依据。因此，在设计时必须考虑振动台参数。本章首先根据原型与模型的尺寸关系确定出几何缩尺比例；然后通过相似理论原理计算出其他物理量的相似关系；最后根据研究目的，选取加速度、位移、动态侧压力等响应为主要研究动力学指标，根据地震波、贮量装载情况、输入加速度峰值大小编制出钢板仓地震作用方案，并进行不同工况下有限元数值模拟分析。

6.2 工程用钢板仓结构

试验原型如图 6.1 所示，其基本信息如下：建筑总高 27.070 m，仓顶高 3.615 m，仓壁高 16.855 m，柱子高 6.6 m，漏斗高 1.596 m，内径为 15.592 m，壁厚 8 mm，贮料采用小麦(容重 800 kg/m^3)，仓壁钢板型号为 Q235，抗震设防烈度为 6 度，设计地震加速度为0.05 g，场地类别为Ⅱ类，特征周期为 0.35 s，设计地震分组为第一组，抗震设防类别为丙类构筑物。

图 6.1 钢板仓原型照片

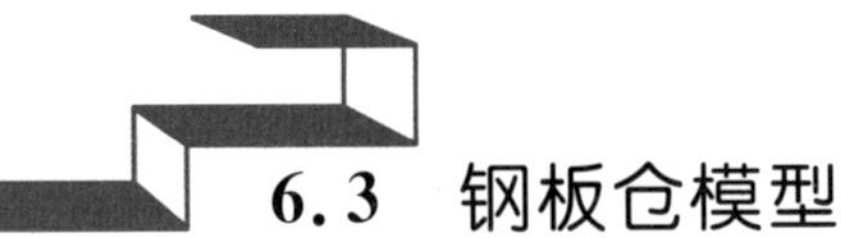

6.3 钢板仓模型

6.3.1 模型和原型的相似关系

本章采用相似理论原理对钢板仓原型进行缩尺模型设计，以满足振动台试验要求。利用量纲分析法首先确定基本量纲及基本物理量，拟选取长度、时间和质量为基本量纲，加速度、弹性模量和长度为基本物理量；然后求出基本物理量的量纲，并通过量纲公式得到相似比例关系式，从而得出相似比关系；最后根据相似比关系和原型材料参数求出模型参数。缩尺模型材料参数的求解路线如图 6.2 所示。

这里选取长度、时间和质量为基本量纲，选取加速度、弹性模量和长度为基本物理量，通过基本物理量相似关系求出密度、质量、周期、速度、频率、位移、应力等参数的相似关系，具体数据见表 6.1 所示。

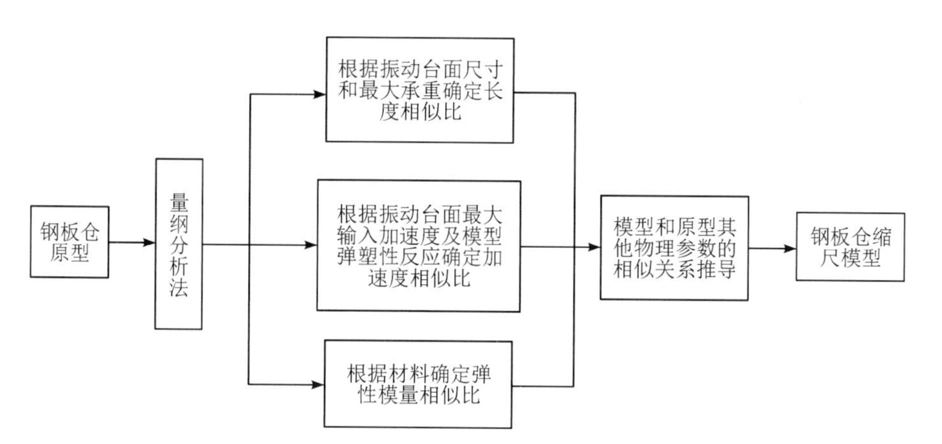

图 6.2 缩尺模型材料参数的求解路线图

表 6.1 模型和原型的相似关系

物理量	相似常数符号	相似关系	钢板仓相似比	贮料相似比
长度	S_l	$S_l=l_m/l_p$	1/12	1/12
线位移	S_s	$S_s=S_l$	1/12	1/12
弹性模量	S_E	S_E	1	0.256
应力	S_σ	$S_\sigma=S_E/S_a$	0.455	0.116
刚度	S_k	$S_k=S_ES_l$	0.021	0.021
质量	S_m	$S_m=S_\rho S_l^3=S_\sigma S_l^2$	3/950	1/1238
密度	S_ρ	$S_\rho=S_\sigma/S_l$	5.455	1.396
阻尼	S_c	$S_c=S_m/S_T$	0.016	0.004
周期	S_T	$S_T=(S_\sigma S_l/S_E)^{0.5}$	0.195	0.195
频率	S_f	$S_f=S_T^{-1}$	5.138	5.138
速度	S_v	$S_v=(S_l\cdot S_a)^{0.5}$	0.428	0.428
加速度	S_a	$S_a=S_E/S_\sigma$	2.2	2.2

6.3.2 模型尺寸设计

根据试验研究目的和相似关系，设计制作高架钢板仓模型：模型总高度为 2.264 m，仓壁高度为 1.272 m，柱子高度为 0.611 m，环梁高度为 0.08 m，内径为 1.299 m，外径为 1.349 m，仓壁厚为 0.025 m，支承柱截面尺寸为 0.06 m×0.06 m；仓壁内立柱采用[5 制成，高度为 0.5 m，共 6 根，均匀布置在仓壁内部；斜撑由∠25×3 制成，以交叉形式布置于相邻支承柱之间；环梁由[8 拼接而成。模型主要部件包括仓壁、仓顶、漏斗、支承柱、加劲肋、环梁、斜撑，模型材料采用 Q235 钢板，各部件之间采用焊接方式进行连接。模型简化后的尺寸及模型草图如图 6.3 所示。

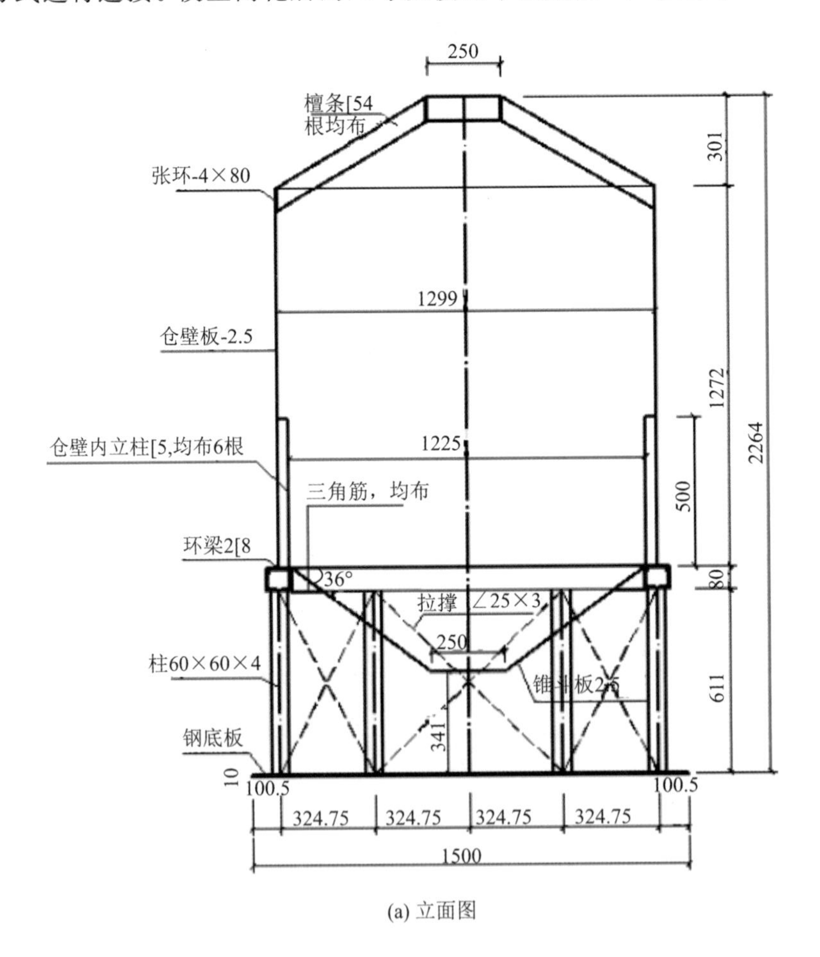

(a) 立面图

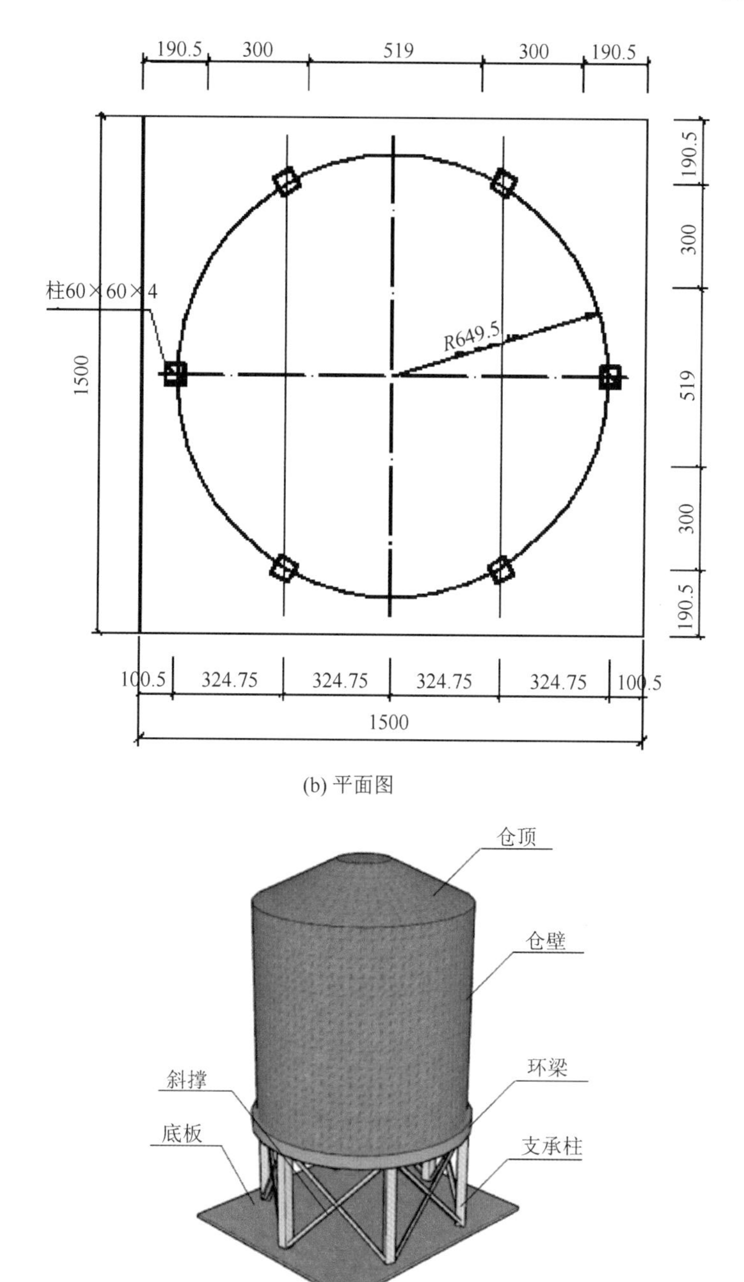

(c) 三维图

图 6.3　钢板仓模型的尺寸及构件组成

6.3.3 模型配重设计

按照缩尺模型尺寸制作出的模型在质量上并不能满足相似理论原理，因此需要对模型进行配重。根据加速度相似系数 $S_a=2.2$，结合表 6.1 所示材料参数和模型结构尺寸，计算得到模型结构在空仓、半仓、满仓三种工况下的附加质量。其中，空仓工况下附加质量按照钢板仓质量进行配重，半仓和满仓两种工况下的附加质量按照贮料和钢板仓总质量进行配重，附加质量如表 6.2 所示。

表 6.2 模型的附加质量

工况	原型 质量/t	配重前模型 质量/t	配重 质量/t	配重后模型 质量/t
空仓	284.834	0.469	0.43	0.899
半仓	1465.619	1.847	0.24	2.087
满仓	2631.031	2.943	0.088	3.031

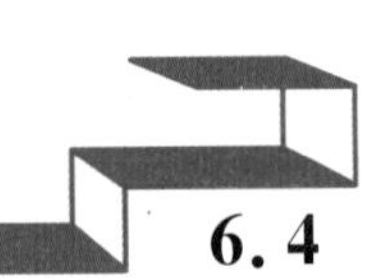

6.4 钢板仓模型地震波加载设计

6.4.1 选取地震波

地震波波形选取对于结构模型时程分析十分重要，结构模型的破坏不仅与震级大小有关，还与地震波波形有关。为了保证有限元数值模拟的准确性，必须合理选择地震波。经大量研究，可供使用的地震波有以下 4 种：

(1) 结构原型所在地实际记录的地震波；

(2) 记录的比较典型的地震波；

(3) 比较典型的人工地震波；

(4) 将数学、力学等解析方法计算的结构场地加速度时程作为振动台台面输入地震波。

采用时程分析法对结构进行地震反应分析时，可选用上述(1)、(2)、(3)类地震波作为输入地震波，本章主要选用(2)、(3)类地震波。

《建筑抗震设计规范》(GB 50011—2022)规定：采用时程分析法时，应按建筑场地类别和设计地震分组选用不少于两组的实际强震记录和一组人工模拟的加速度时程曲线。

这里根据原型结构的场地条件和动力特性，选用三类地震波模拟振动台台面输入地震波。

选取的三类地震波分别为 EL-Centro 波、唐山波、人工波，其中人工波为适合湖南省岳阳市的Ⅱ类场地人工拟合地震波，按建筑抗震设计规程选用，阻尼比为 0.05，特征周期为 0.35 s，该地震波适用于岳阳市地区工程应用。

这里分别选取三类地震波前 20 s 进行时程分析。根据表 6.2 所示的相似关系对地震波进行调整，调整后的三类地震波如图 6.4 所示。

将调整后的地震加速度反应谱与不同设防水准条件下的标准反应谱进行对比，以进一步验证地震波选取的合理性。对比情况如图 6.5 所示。

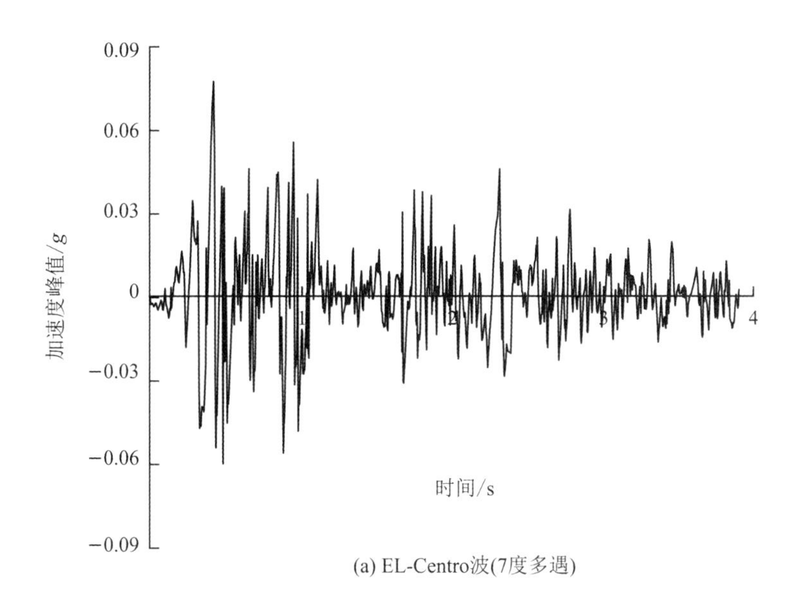

(a) EL-Centro波(7度多遇)

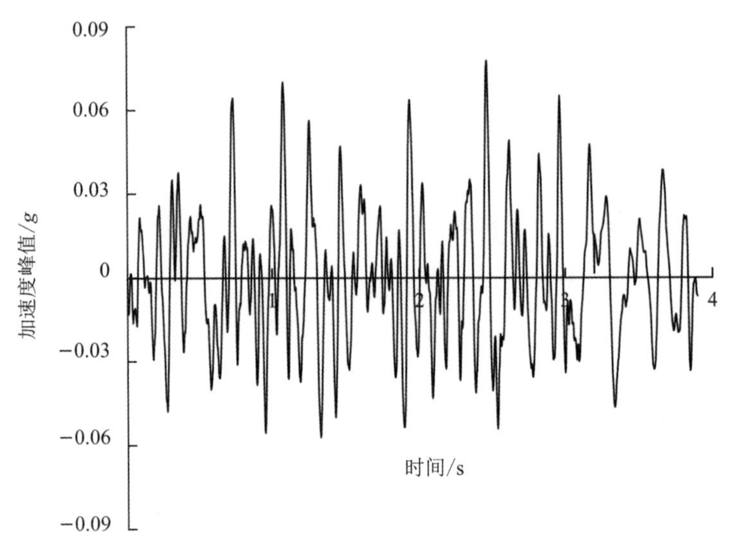

(b) 唐山波(7度多遇)

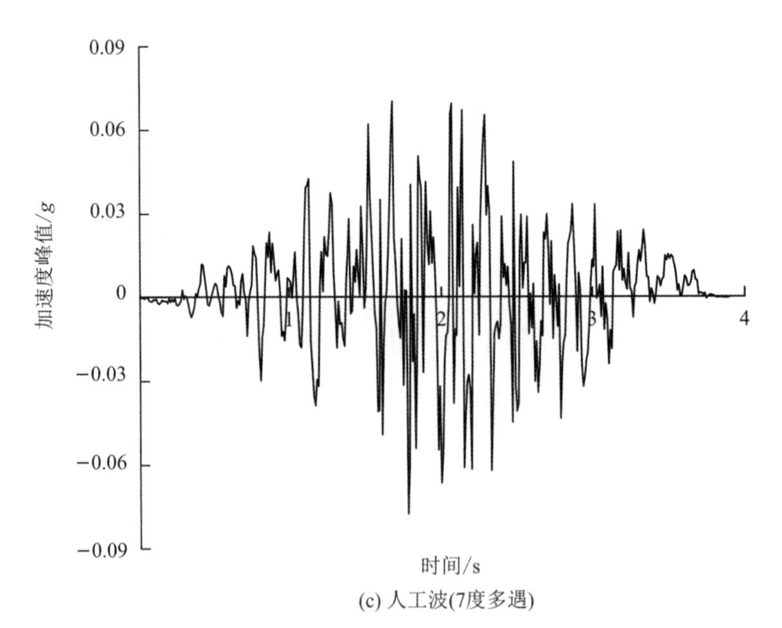

(c) 人工波(7度多遇)

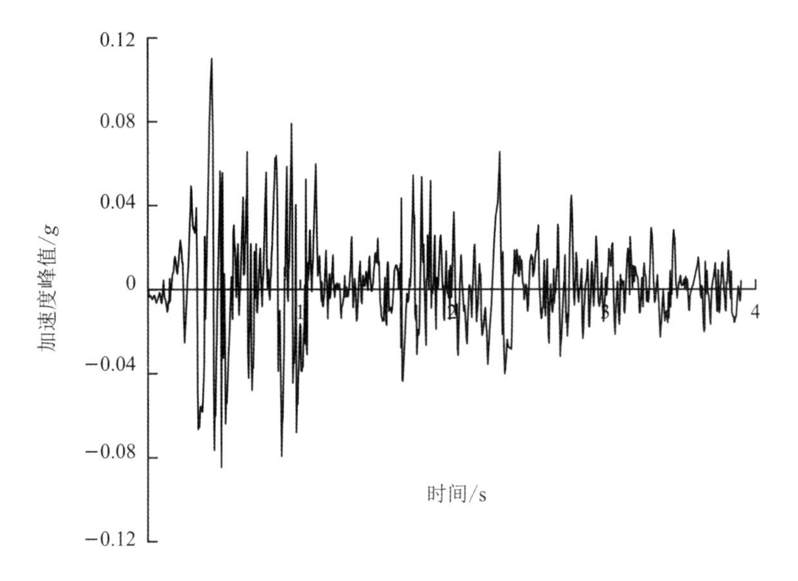

(d) EL-Centro波(6度设防)

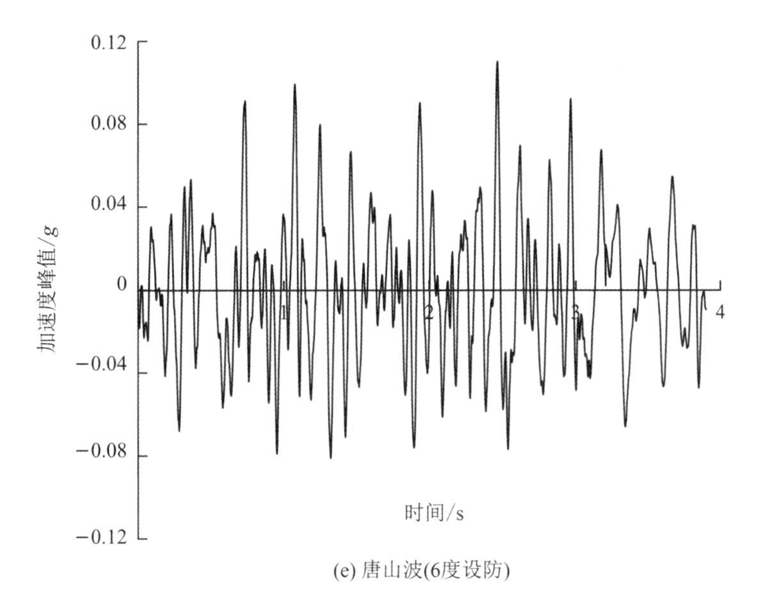

(e) 唐山波(6度设防)

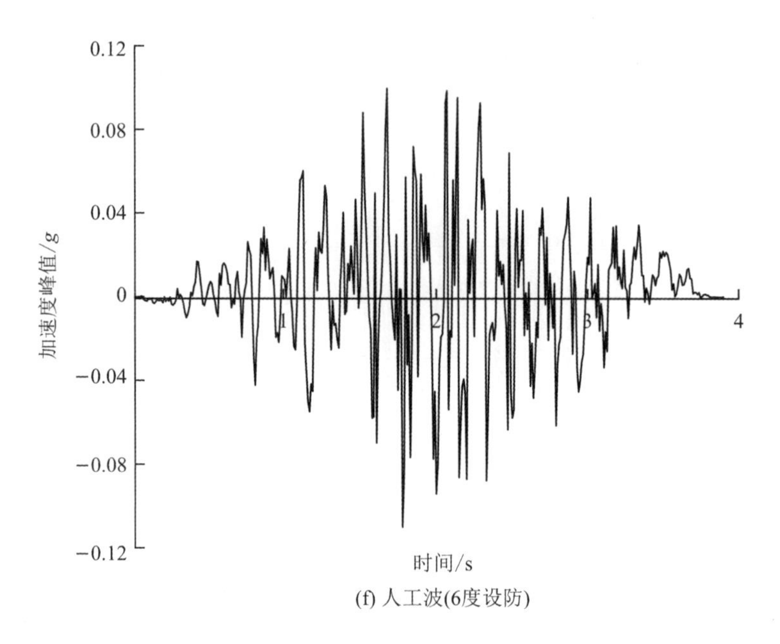

(f) 人工波(6度设防)

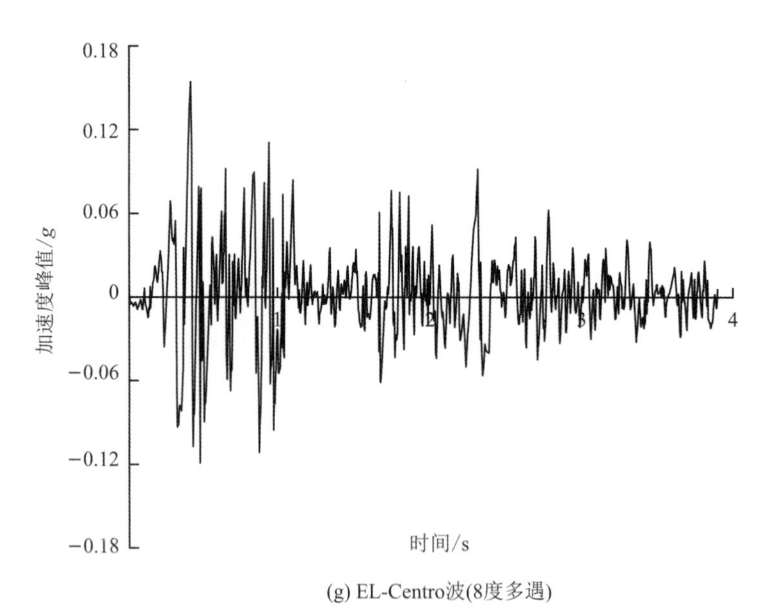

(g) EL-Centro波(8度多遇)

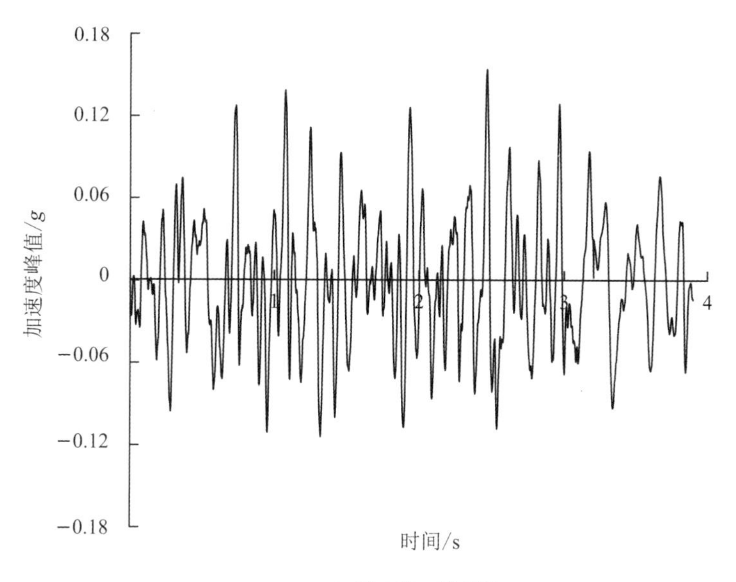

(h) 唐山波(8度多遇)

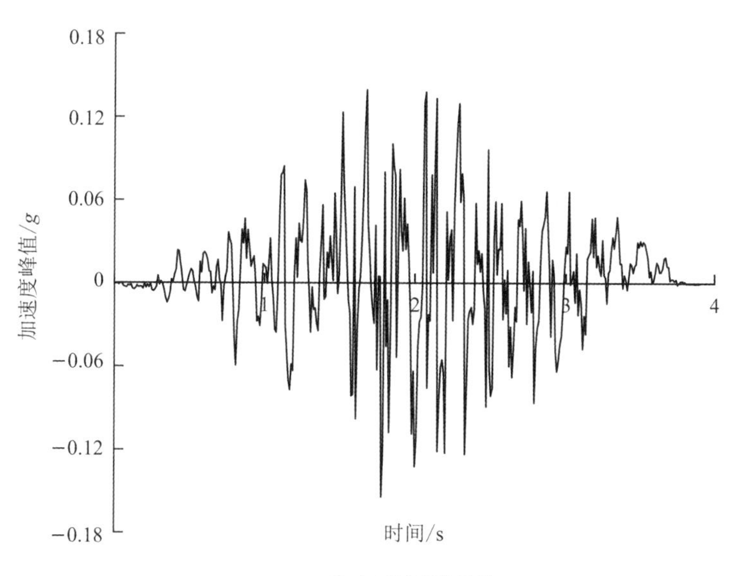

(i) 人工波(8度多遇)

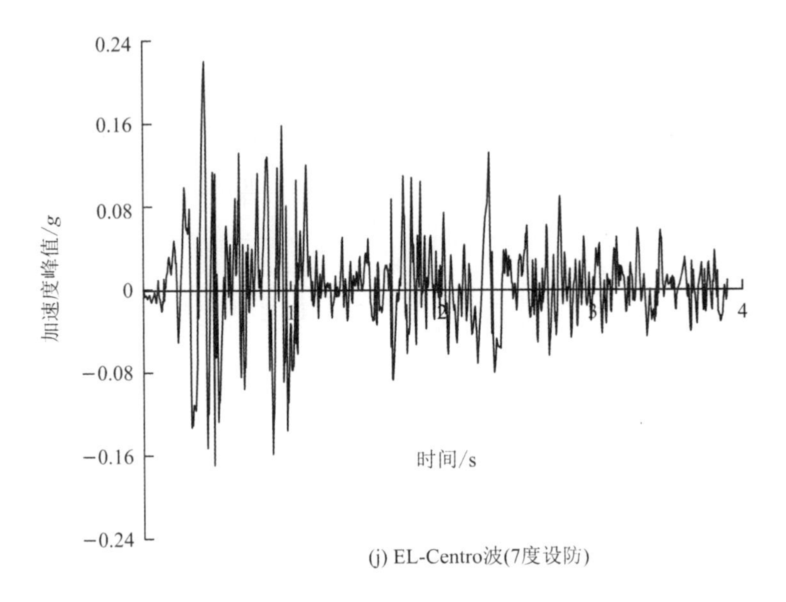

(j) EL-Centro波(7度设防)

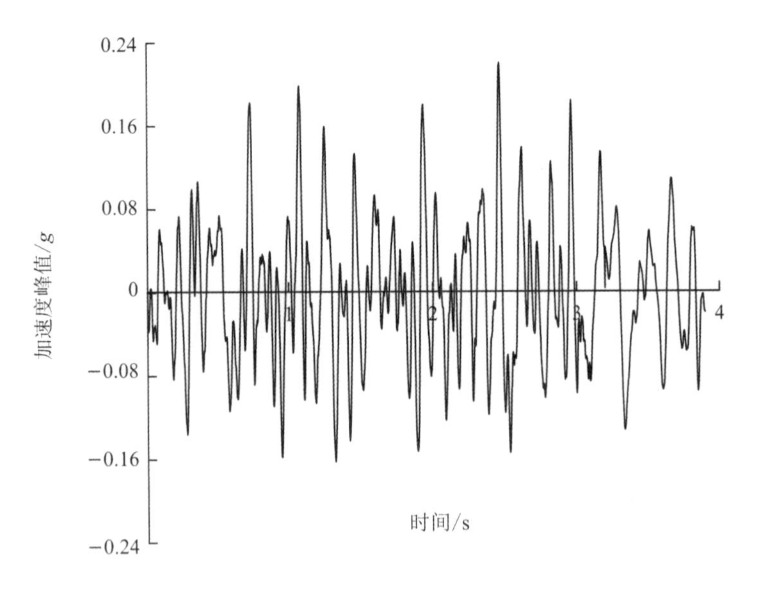

(k) 唐山波(7度设防)

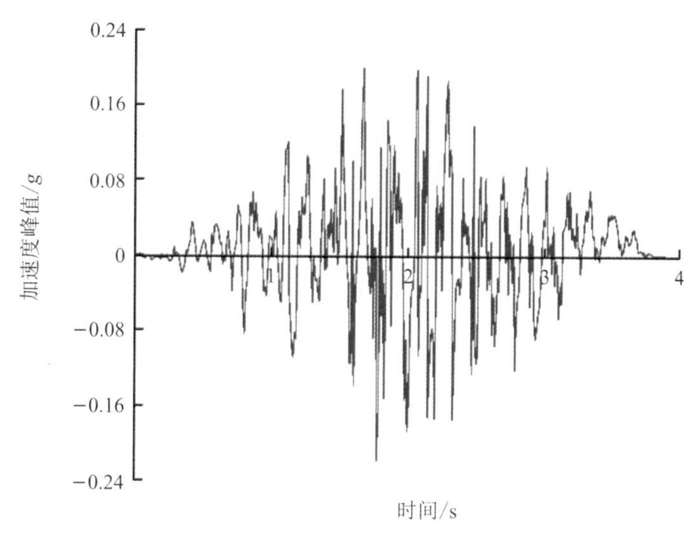

(l) 人工波(7度设防)

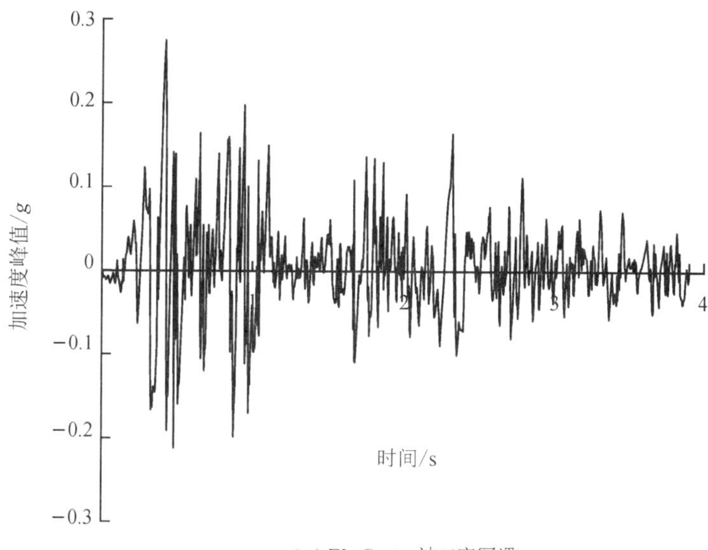

(m) EL-Centro波(6度罕遇)

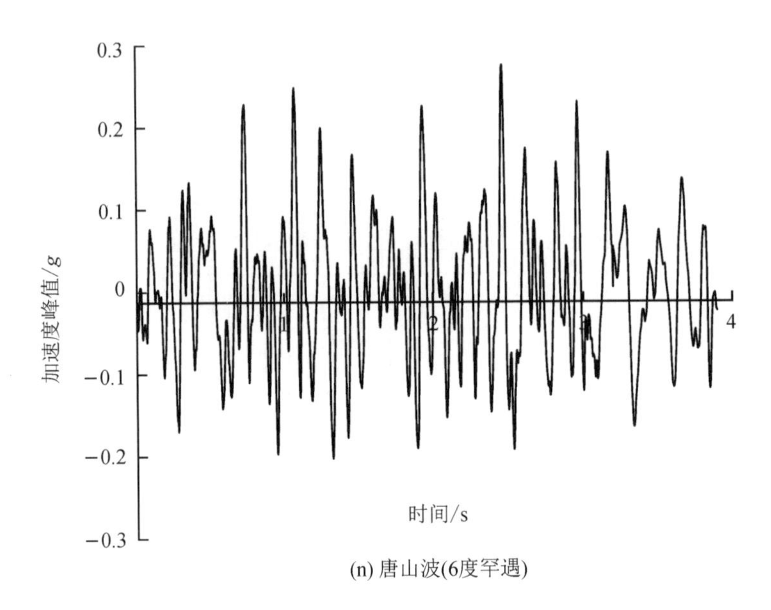

(n) 唐山波(6度罕遇)

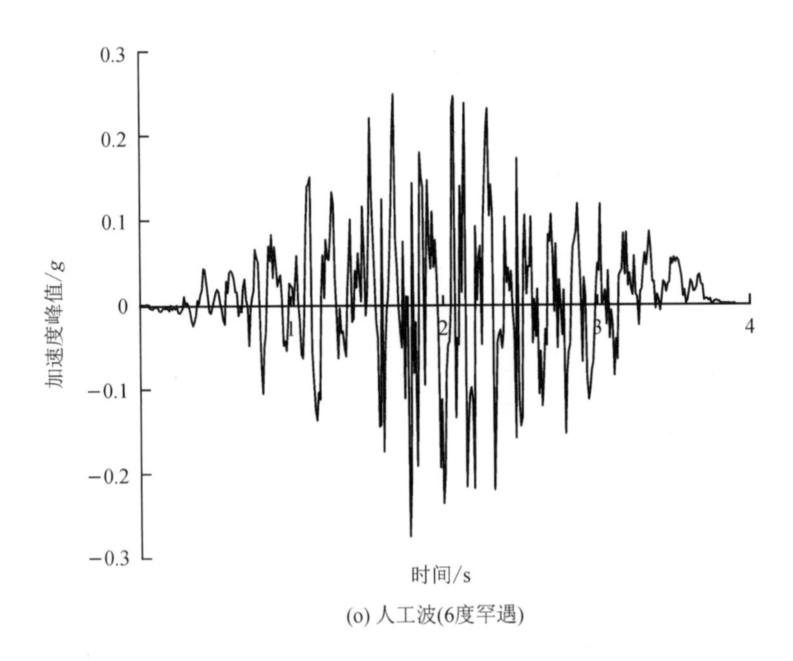

(o) 人工波(6度罕遇)

图 6.4 地震波的加速度曲线

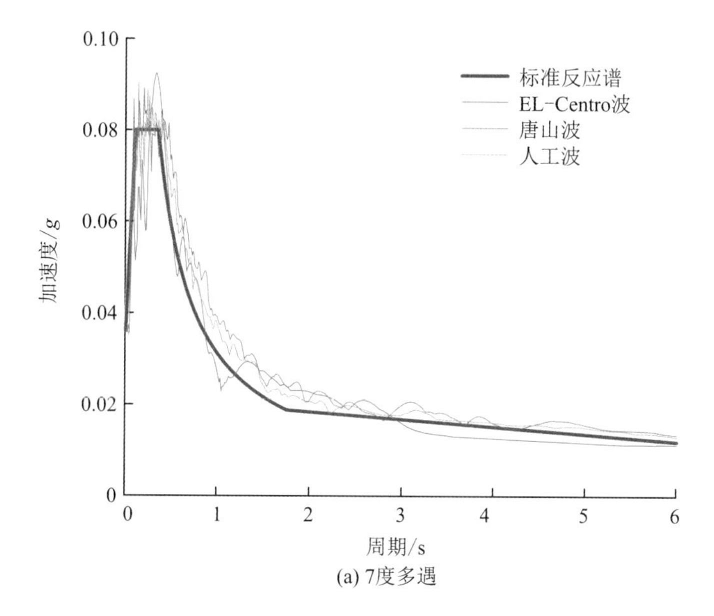
0.10
0.08
0.06
0.04
0.02
0
加速度/g
0
1
2
3
4
5
6
周期/s
标准反应谱
EL-Centro波
唐山波
人工波
(a) 7度多遇

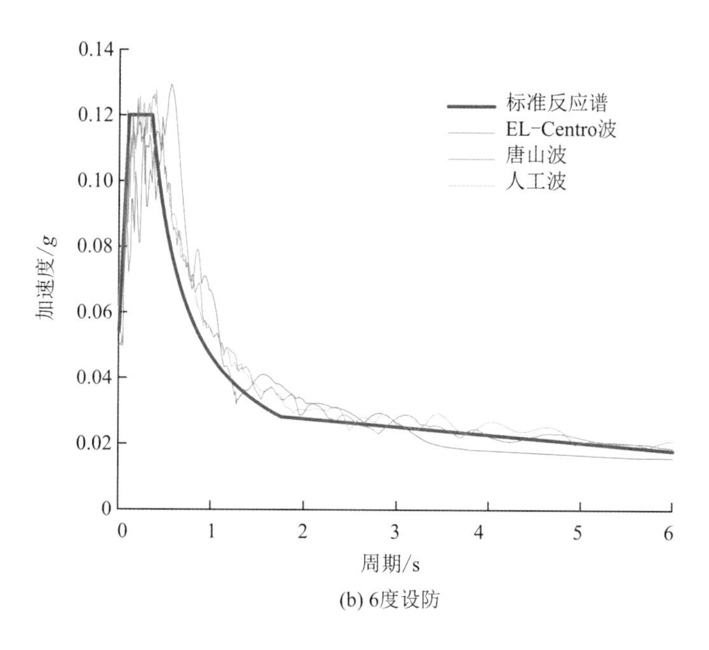
0.14
0.12
0.10
0.08
0.06
0.04
0.02
0
加速度/g
0
1
2
3
4
5
6
周期/s
标准反应谱
EL-Centro波
唐山波
人工波
(b) 6度设防

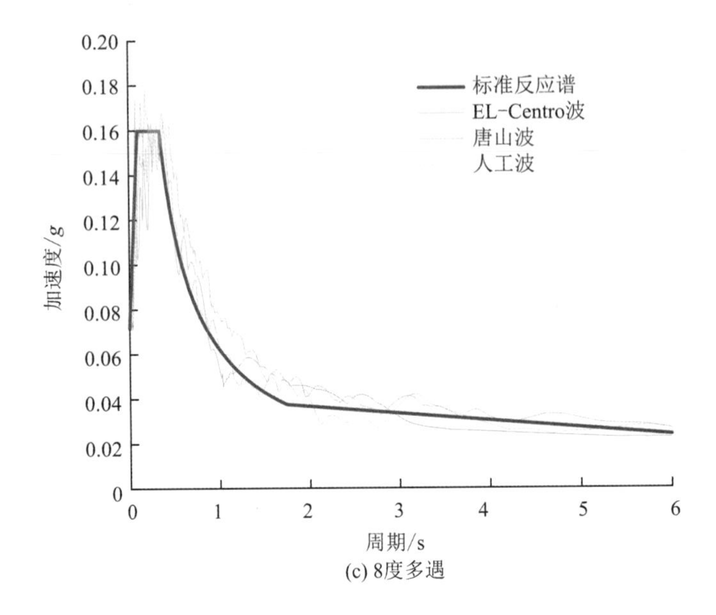
0.20
0.18
0.16
0.14
0.12
0.10
0.08
0.06
0.04
0.02
0
加速度/g
0
1
2
3
4
5
6
周期/s
标准反应谱
EL-Centro波
唐山波
人工波

(c) 8度多遇

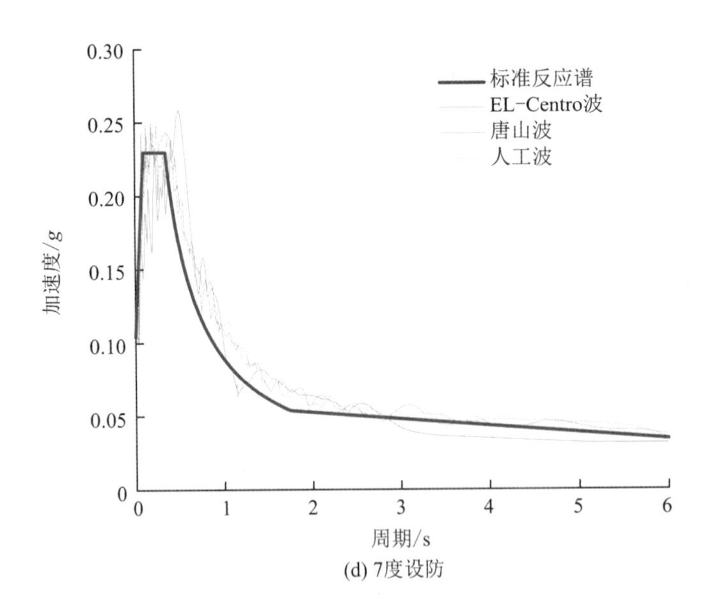
0.30
0.25
0.20
0.15
0.10
0.05
0
加速度/g
0
1
2
3
4
5
6
周期/s
标准反应谱
EL-Centro波
唐山波
人工波

(d) 7度设防

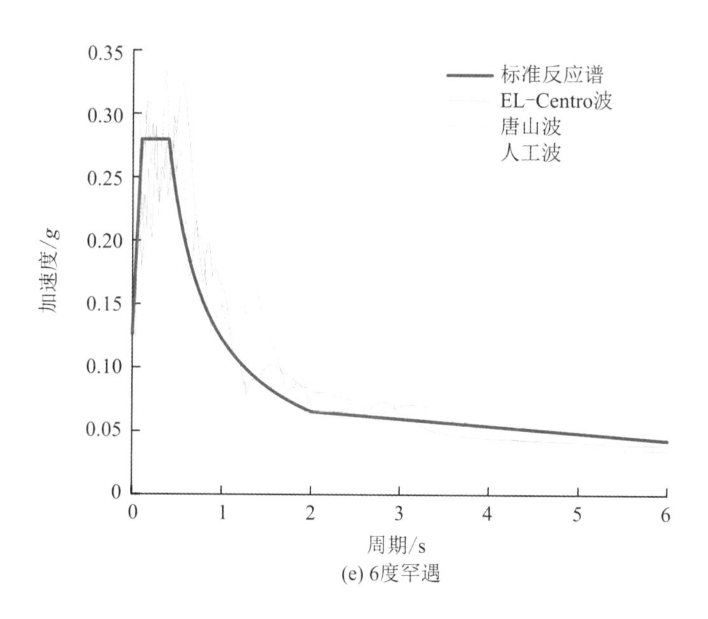

(e) 6度罕遇

图 6.5 不同抗震设防水准下的地震加速度反应谱曲线

6.4.2 设计模型地震波加载工况

根据所选地震波，对钢板仓模型进行模拟振动台加载。分别选取空仓、半仓、满仓三种工况，以原型所在地抗震设防烈度为依据，采用地震动水准(加速度峰值)分别为 7 度多遇(0.079g)、6 度设防(0.112g)、8 度多遇(0.157g)、7 度设防(0.224g)和 6 度罕遇(0.28g)的五个水准等级，根据不同贮料状态、地震波、设防水准设计不同加载工况。试验工况共 45 个，具体模拟工况见表 6.3 所示。

表 6.3 模 拟 工 况

设防水准	工况	地震波	地震波峰值/g
7 度多遇	1	唐山波	0.079
	2	EL-Centro 波	0.079
	3	人工波	0.079
6 度设防	4	唐山波	0.112
	5	EL-Centro 波	0.112
	6	人工波	0.112

续表

设防水准	工况	地震波	地震波峰值/g
8 度多遇	7	唐山波	0.157
	8	EL-Centro 波	0.157
	9	人工波	0.157
7 度设防	10	唐山波	0.224
	11	EL-Centro 波	0.224
	12	人工波	0.224
6 度罕遇	13	唐山波	0.28
	14	EL-Centro 波	0.28
	15	人工波	0.28

注：包含空仓、半仓、满仓三种工况，合计 15×3=45 个工况。

6.5 本章小结

本章主要介绍了钢板仓模型的设计与制作，根据钢板仓原型材料参数及几何尺寸确定模型制作材料和模型结构主要物理量的相似关系，从而进行模型的设计建模；根据研究目的，设计模型结构有限元模拟振动台加载方案和加载工况，为研究钢板仓加速度、位移、仓壁侧压力提供条件。

第七章

钢板仓有限元建模方法及模型验证

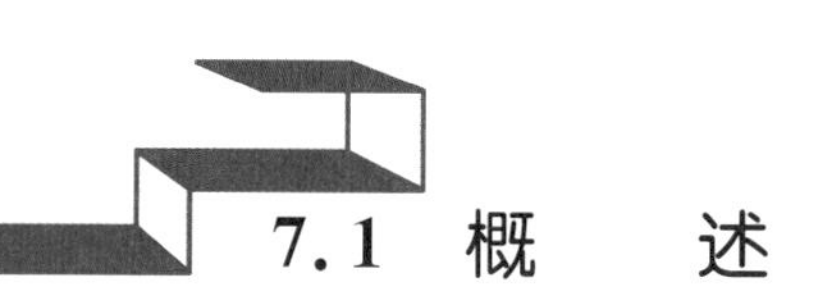

7.1 概　　述

本章阐述采用ABAQUS有限元软件进行钢板仓缩尺模型建模的具体方法以及模型正确性的验证方法，考虑空仓、半仓和满仓三种贮料工况，详细介绍钢板仓模型各部分组成构件在进行数值建模时的简化处理方法、单元类型和材料参数等确定方法。详细阐述钢板仓模型的模态分析方法和静态侧压力的有限元计算方法，最后通过模态结果和静态侧压力理论计算结果验证模型的准确性。

7.2 不同贮料工况下的钢板仓有限元模型

建立钢板仓有限元模型时主要考虑空仓、半仓和满仓三种贮料工况，为了得到更加精确的计算结果，采取手动设置网格单元的方式将仓壁主要划分为四边形网格，散料主要划分为六面体网格。仓内存有贮料时，对散料颗粒与仓壁和漏斗壁设置合理的面面接触关系，并定义合理的摩擦系数等参数。

模型包含钢板仓和贮料两部分，钢板仓结构由多个部件组成，包括仓壁、立柱、环梁、加劲肋、斜撑、漏斗等，钢板仓的侧壁、仓顶、漏斗均为薄钢板结构。因此，使用通用四边形壳单元对每个结构组件进行建模，立柱、环梁、加劲肋、斜撑等采用梁单元进行建模，贮料采用三维可变形实体建模。

7.2.1 加劲肋的建模方法

加劲肋作为钢板仓主要零部件，分为横向加劲肋和纵向加劲肋，横向加劲肋主要用于防止仓壁板剪切失稳，本章的钢板仓模型采用纵向加劲肋，主要目的是防止仓壁在弯曲压应力下弯压失稳。

模型共设置 6 根相同的加劲肋，围绕在钢板仓侧壁内侧垂直于地面，高 0.5 m(大约为仓壁一半高度)，钢板仓原型加劲肋的横截面随钢板仓高度的变化而变化，由下向上横截面逐渐减小，截面形状如图 7.1(a)所示。由于变截面加劲肋建模复杂，不同截面间的连接给有限元建模带来较大困难，因此，将其简化为等截面，并将截面形状略微调整，调整后的截面如图 7.1(b)所示。加劲肋有限元模型采用梁单元(B2)进行建模，并将调整后的截面赋予梁单元，建成后的有限元模型如图 7.1(c)所示。

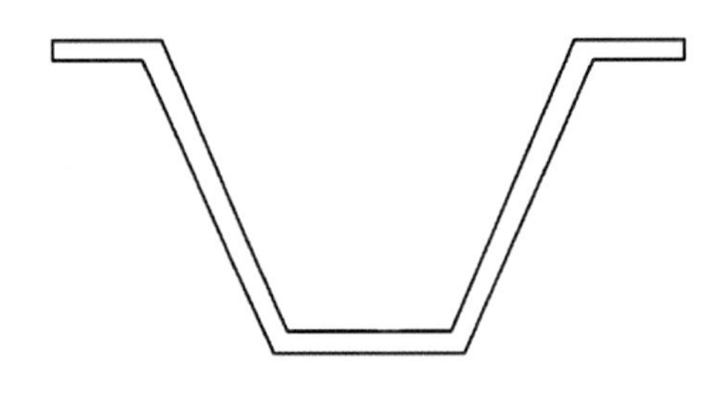

(a) 原型加劲肋截面

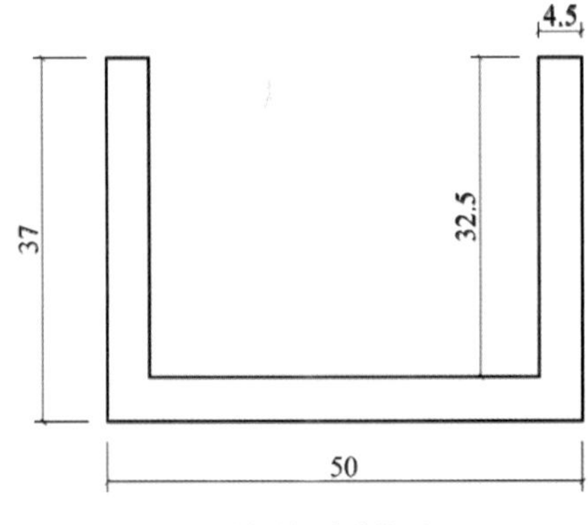

(b) 模型加劲肋截面

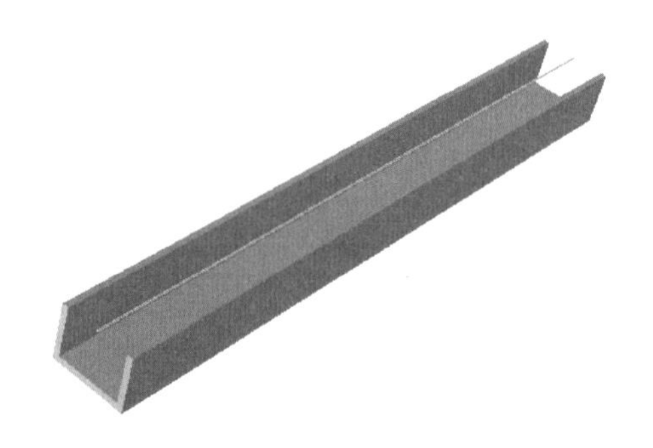

(c) 加劲肋有限元模型

图 7.1　纵向加劲肋的有限元模型

7.2.2　仓壁的建模方法

钢板仓原型仓壁由 6 层水平环组成，且环的厚度随高度增加逐渐减小。同一圈相邻两块波纹钢板之间用两列螺栓连接，螺栓之间有一个重叠区，上下相邻两圈壁板也采用螺栓连接。为了简化计算，将同圈波纹板建立为一个钢板圆环，钢板采用 4 节点双曲壳单元(S4R)进行建模，仓壁厚设为 2.5 mm，简化后的有限元缩尺模型如图 7.2 所示。

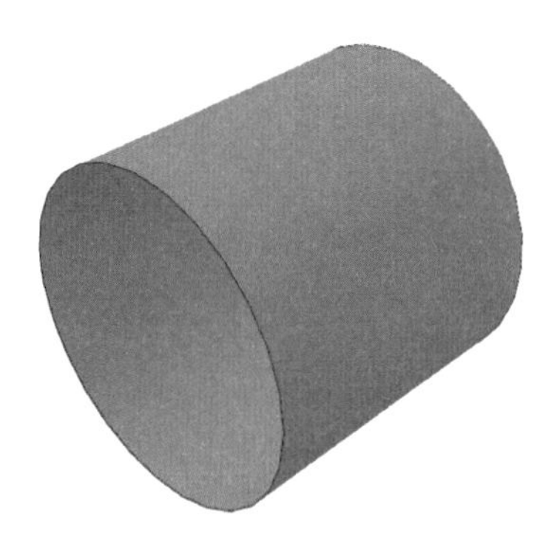

图 7.2　仓壁的有限元模型

7.2.3　环梁的建模方法

环梁设置在仓壁与漏斗相交处，用于抵抗来自于漏斗仓底较大的张力径向分量的环向压力，还用于传递上部仓壁以贮料压力给支承柱的作用，原型中环梁结构较为复杂，不利于模型的建立和计算。为了简化计算，将模型环梁截面设为空心箱形截面，简化后的截面如图 7.3(a)所示。有限元模型中环梁采用梁单元(B2)进行建模，整体外形为圆环，直径为 1299 mm，将矩形截面赋予梁单元后环梁的有限元模型如图 7.3(b)所示。

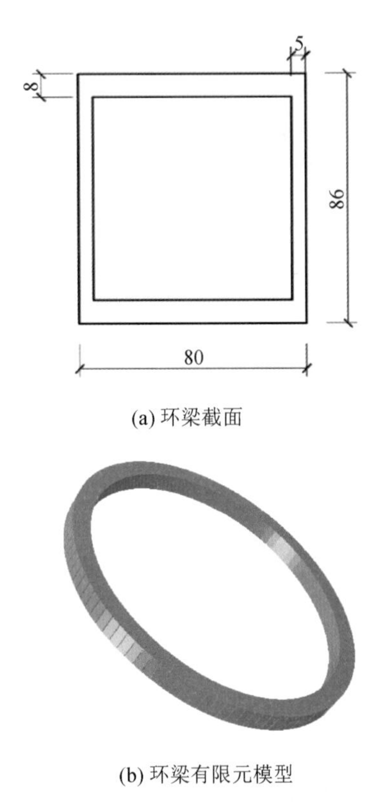

(a) 环梁截面

(b) 环梁有限元模型

图 7.3 环梁截面的有限元模型

7.2.4 支承柱及斜撑的建模方法

钢板仓分为高架钢板仓和落地式钢板仓，支承柱作为高架钢板仓的支承结构，作用是将环梁上承受的荷载传递给地面，落地式钢板仓则采用环梁直接与地面接触的支承方式。相较于落地式钢板仓，高架钢板仓超静定次数较低，稳定性不如落地式钢板仓，为了增加其稳定性，实际项目中一般采用增加斜撑的方式。本章介绍的钢板仓原型共设 18 根支承柱，相邻两根支承柱之间设置了上下两排斜撑，上下两排斜撑中间以水平钢支撑进行加固。

由于缩尺模型较小，因此将 18 根支承柱简化为 6 根，并将两排斜撑简化为一排，简化后的支承柱及斜支撑截面如图 7.4(a)、(b)所示。支承柱和斜撑均采用梁单元建

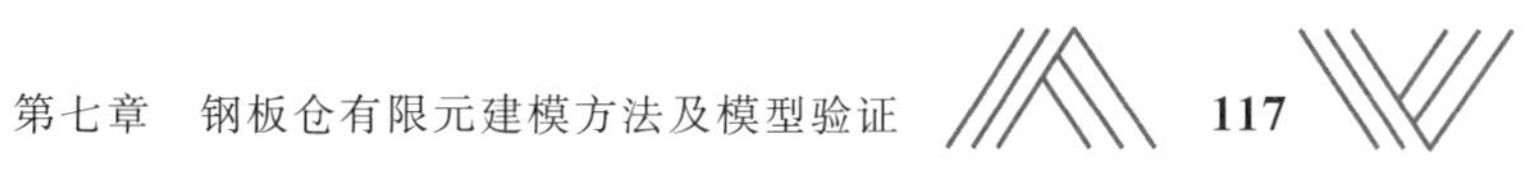
模，建成后有限元模型如图 7.4(c)、(d)所示。

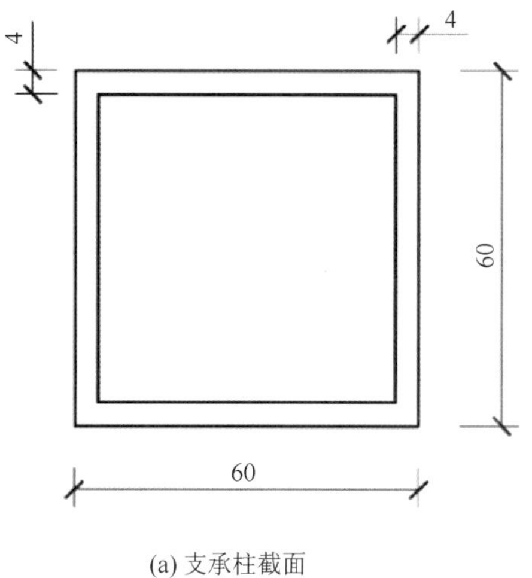

(a) 支承柱截面

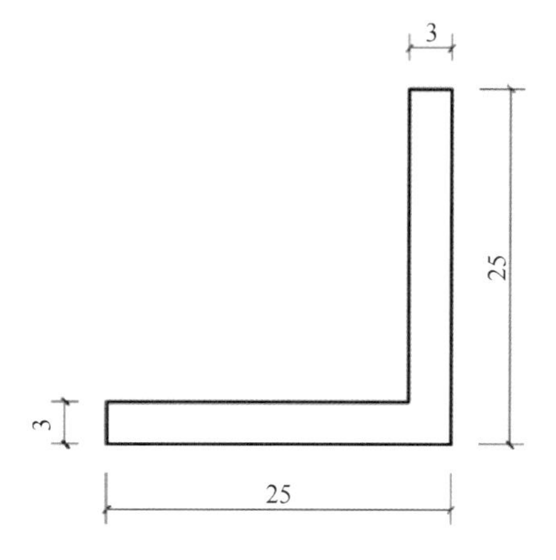

(b) 斜撑截面

(c) 支承柱有限元模型

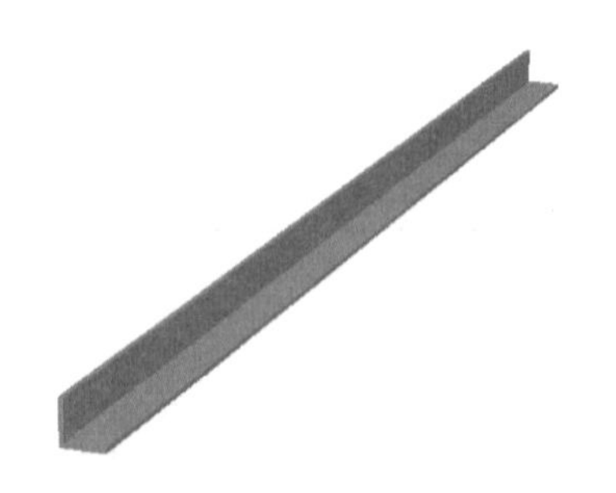

(d) 斜撑有限元模型

图 7.4　支承柱及斜撑截面的有限元模型

7.2.5　仓顶盖及漏斗的建模方法

仓顶盖及漏斗均采用壳单元(S4R)建模，仓顶盖厚度为 2 mm，漏斗厚度为 3 mm，建成后有限元模型如图 7.5 所示。

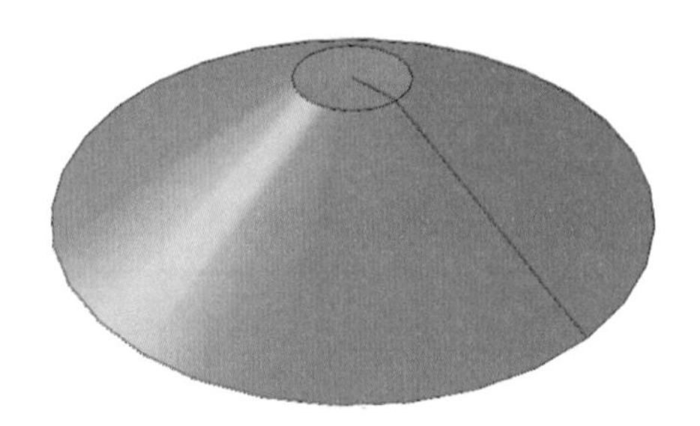

(a) 仓顶盖

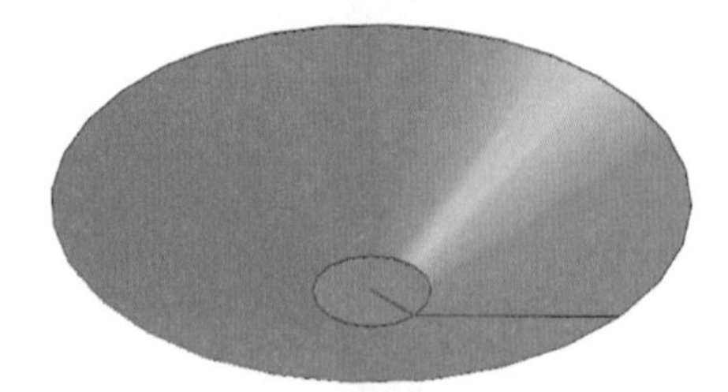

(b) 漏斗

图 7.5　仓顶盖及漏斗的有限元模型

7.2.6　贮料的建模方法

为了分析空仓、半仓、满仓三种贮料工况下钢板仓的地震响应规律，半仓和满仓贮料采用实体单元(C3D8R)进行建模，模型如图 7.6 所示。

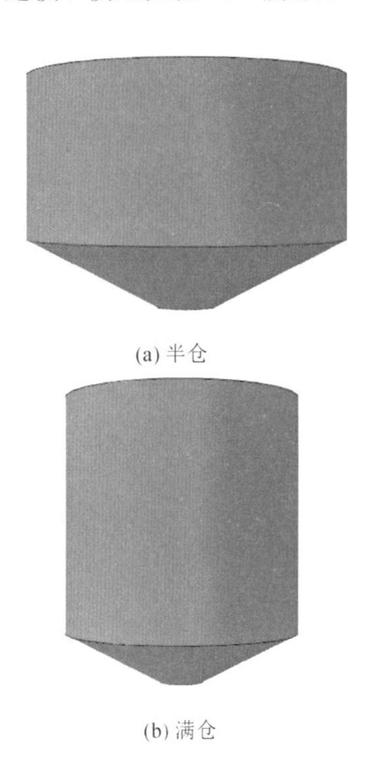

(a) 半仓

(b) 满仓

图 7.6　贮料的有限元模型

7.3　材料本构关系的定义

7.3.1　钢板仓的本构关系

钢板仓各部件材料均以 Q235 钢为标准，采用双折线本构模型，应力应变曲线如图 7.7 所示，其他各项材料参数如表 7.1 所示。

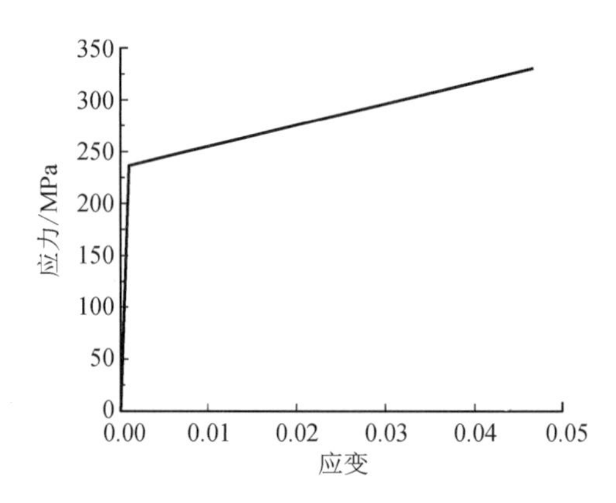

图 7.7 Q235 钢的应力应变曲线

表 7.1 Q235 钢的材料参数

力学指标	数　据
密度/(kg/m^3)	7850
抗拉/抗压强度/(N/mm^2)	215
抗剪强度/(N/mm^2)	125
屈服强度/(N/mm^2)	235
弹性模量/MPa	2.06×10^5
泊松比	0.3

7.3.2 贮料的本构关系

贮料采用 Drucker-Prager 理想弹塑性模型建模，原型结构以小麦作为贮料，依据相似理论原理，计算得到模型贮料的各项参数如表 7.2 所示。

表 7.2 贮料的材料参数

参　　数	数　据
质量密度/(kg/m^3)	1047
重力密度/(kN/m^3)	11.168
内摩擦角/(°)	25
对钢板仓摩擦系数	0.30
膨胀角/(°)	25

续表

参　　数	数　据
杨氏模量/MPa	2.56
泊松比	0.4
流动应力率	0.778
质量阻尼	0.2

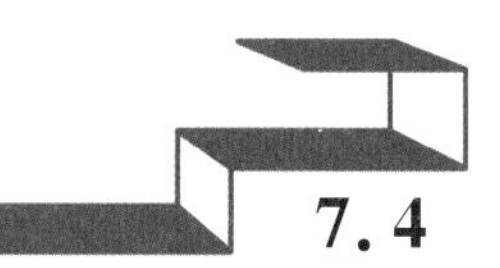

7.4　钢板仓模型各部件装配方法

在 ABAQUS 有限元软件中的全局坐标系下对钢板仓有限元模型各部件进行装配，定义 y 轴为整个模型的中心轴，仓顶盖位于 y 轴正方向，定义仓壁与漏斗交界面为 $y=0$ 的平面，环梁设于仓壁与漏斗之间，6 根支承柱均匀布置在环梁下方，相邻两支承柱之间设置交叉斜撑，加劲肋设于仓壁内侧，底部立于环梁上，装配完成后的钢板仓模型如图 7.8(a)所示，将贮料填入钢板仓后，半仓和满仓的剖面图如图 7.8(b)、图 7.8(c)所示。

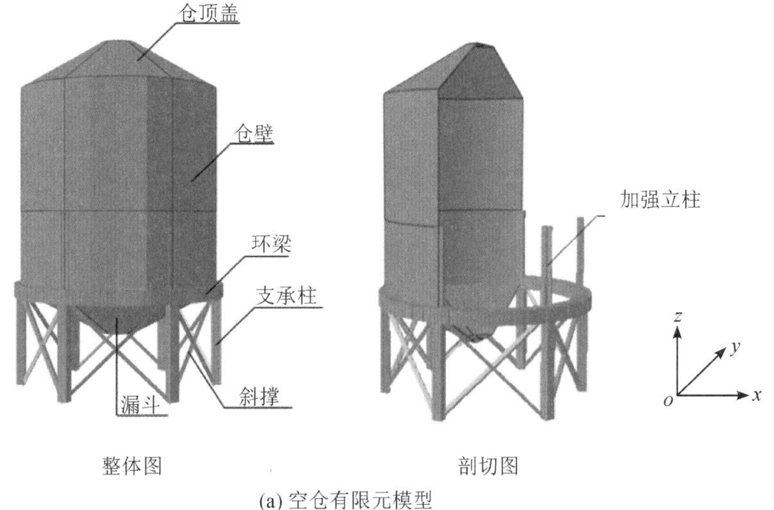

(a) 空仓有限元模型

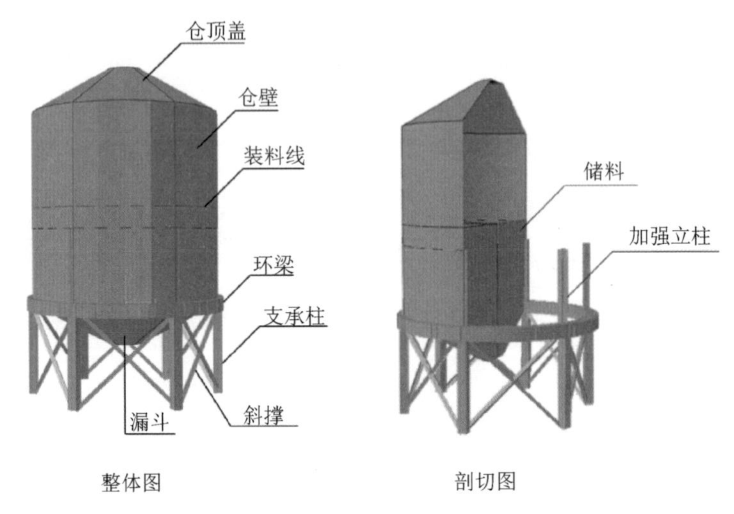

(b) 半仓有限元模型

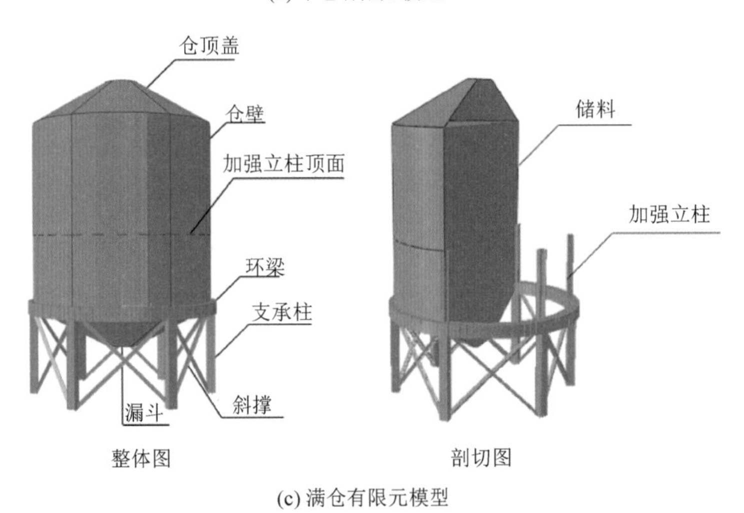

(c) 满仓有限元模型

图 7.8　装配后的有限元模型

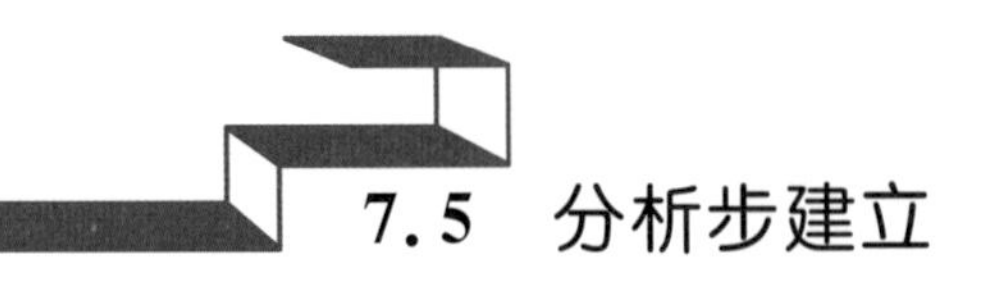

7.5　分析步建立

整个计算过程共分为两个分析步：第一步是模拟装料的过程，在加载时间范围内，固定支承柱与地面接触的六个自由度，以线性增加的方式对储存颗粒固体质量施加重力，同时考虑了颗粒材料与结构的相互作用，待仓体在重力作用下达到稳定状态后施加第二个分析步；第二个分析步为结构在地震作用下的动力时程分析，分析过程通过控制柱底边界条件实现。定义地震加速度施加的方向为 x 方向，释放第一分析步中的 x 方向自由度，随后将缩尺后的加速度时程曲线沿 x 方向施加在支承柱底部，同时固定其余方向自由度。

选取 EL-Centro 波、唐山波和人工波 3 种不同地震波，并根据钢板仓原型所在地的场地类别与设计地震分组选取 5 种不同抗震设防烈度下的加速度峰值进行加载，5 种抗震设防烈度分别为 7 度多遇、6 度设防、8 度多遇、7 度设防、6 度罕遇，峰值加速度范围在 0.079g～0.28g 之间，此外还设计出空仓、半仓、满仓 3 种贮料工况进行对比，具体工况如表 6.3 所示。

7.6　荷载及相互作用

该模型整个模拟过程仅存在重力荷载及地震作用，重力方向沿 y 轴负方向，作用于整个模型，地震作用则是通过将加速度时程曲线施加于支承柱底部，从而模拟不同工况下的地震作用。

由于钢板仓原型中仓壁与漏斗、仓顶之间均采用螺栓连接，为了简化计算，将模型仓壁、漏斗、仓顶合并为一个整体，使各部件之间没有滑动和旋转，合并后仓体与环梁、立柱、加劲肋之间采用绑定链接(Tie)，钢板仓与贮料之间采用接触算法下的面-面接触相互作用。为避免贮料单元渗透入仓壁，接触设置选用有限滑动选项，法向采用硬接触，切向采用罚摩擦，内摩擦角为 31.1°，库仑摩擦系数为 0.19。此外，模型设计时采用了欠人工模型等效质量密度原则，模型建立时需要附加额外质量，这部分质量以非结构性质量的形式附加在贮料上。

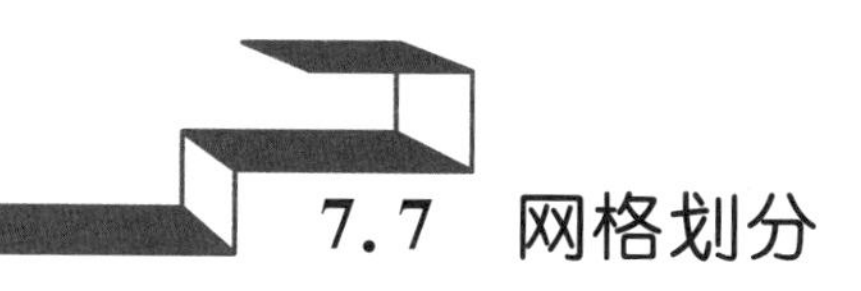

7.7　网格划分

由于不同构件的几何形状和尺寸不同，网格划分过程应针对单个构件进行。钢板仓仓壁、仓顶、漏斗均由薄壁壳制成，采用 4 节点曲面薄壳(S4R)划分。贮料为均值实体构件，采用 8 节点线性六面体单元(C3D8R)划分。加劲肋、支承柱、斜撑及环梁为梁式构件，采用 2 节点空间线性梁单元(B2)划分。模型采用减缩积分，减缩积分可在每个自由度方向上减少一个积分点，节点应力由单元中心积分点外插值和平均求解，其优点是网格存在扭曲变形时，分析的精度不会受到太大影响。

设置钢板仓和贮料网格划分近似尺寸均为 50 mm，使仓壁与贮料接触部分的网格划分一一对应。钢板仓网格划分节点总数 4658 个、单元总数 4824 个，贮料网格划分节点总数 15 298 个、单元总数 13 850 个，有限元模型如图 7.9 所示。

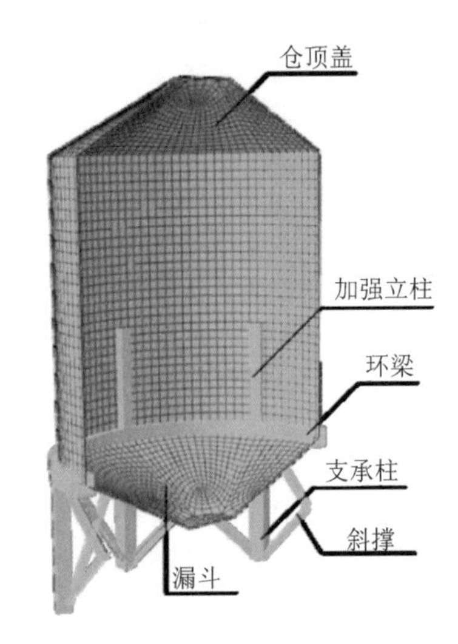

(a) 空仓有限元模型

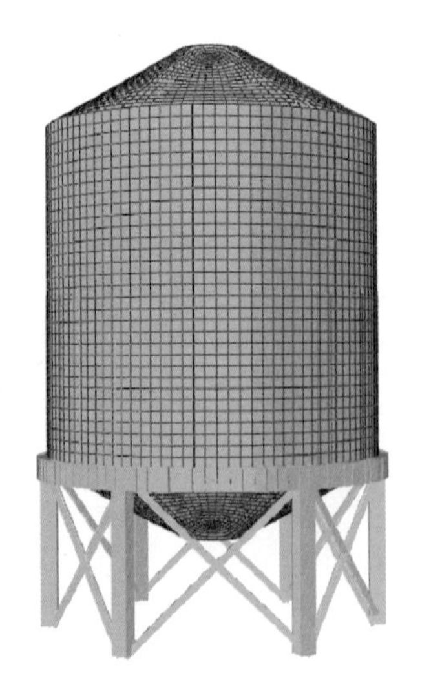

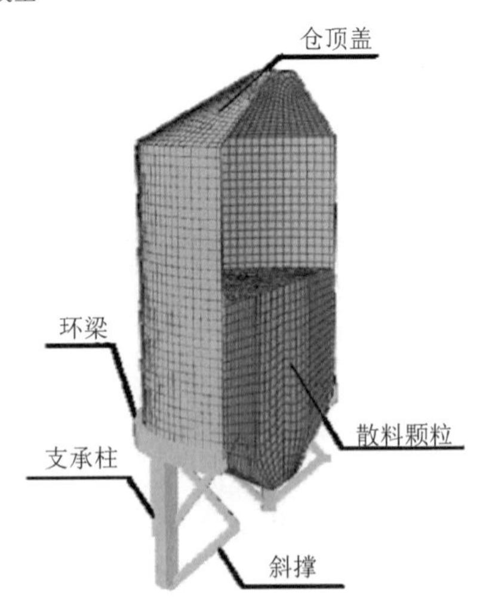

(b) 半仓有限元模型

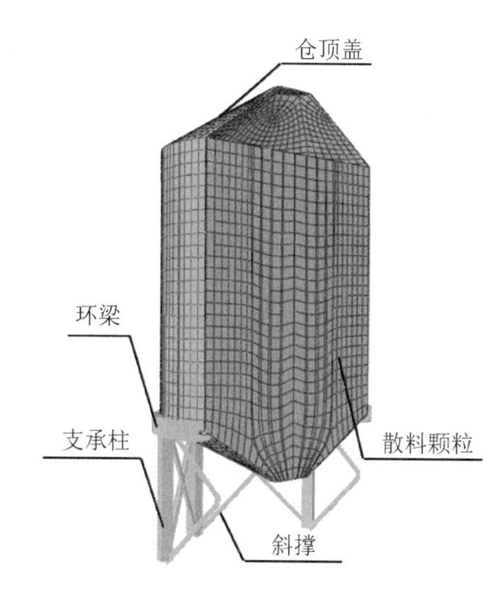

(c) 满仓有限元模型

图 7.9　钢板仓有限元模型的网格划分

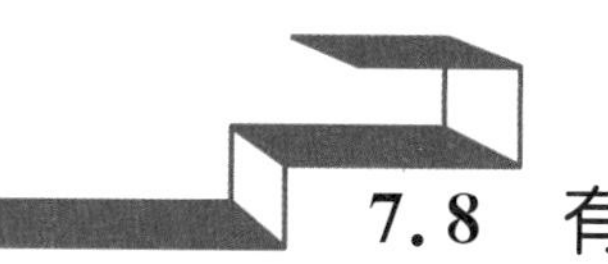

7.8　有限元模型验证方法

7.8.1　模态分析验证

为了验证模型准确性，提取前三阶模态对结构进行模型分析。以空仓工况为代表，前三阶振型如图 7.10 所示，通过观察可以发现，一阶振型沿 x 轴方向偏移，二阶振型沿 z 轴方向偏移，且均在支承柱部分位移较大，在仓壁部分位移较小。

图 7.11 为其他学者模拟的立筒仓有限元前三阶振型图，通过对比可以发现，前两阶振型与所建模型变化规律基本相似，而第三阶振型略有不同。对比模型第三阶振型在支承柱部分产生扭转，本方法所建模型的支承柱没有扭转趋势，主要原因在于本方法的钢板仓模型相邻支承柱之间设置有斜撑，使得支承柱之间连成整体，刚度和强度均得到了提高。

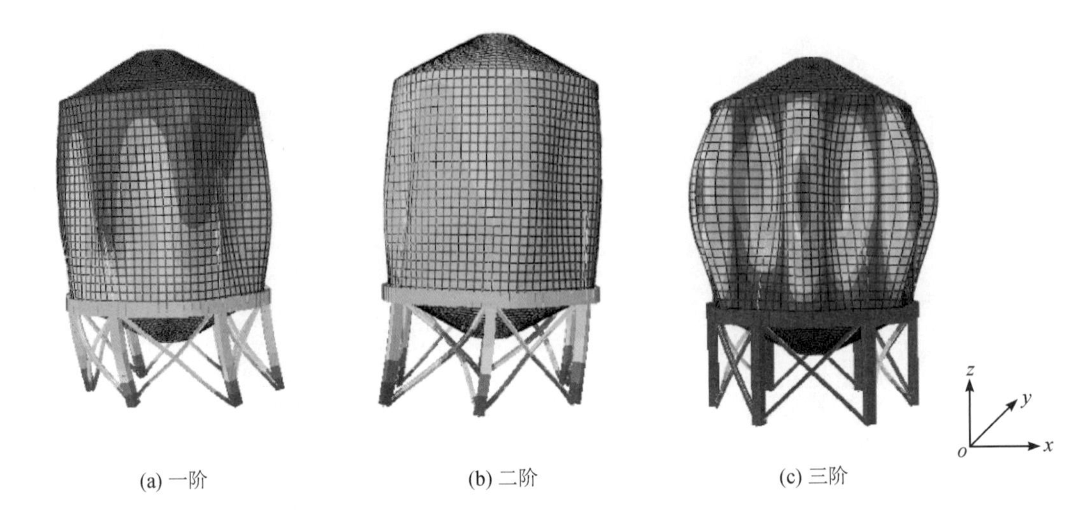

(a) 一阶　(b) 二阶　(c) 三阶

图 7.10　钢板仓模型的前三阶振型

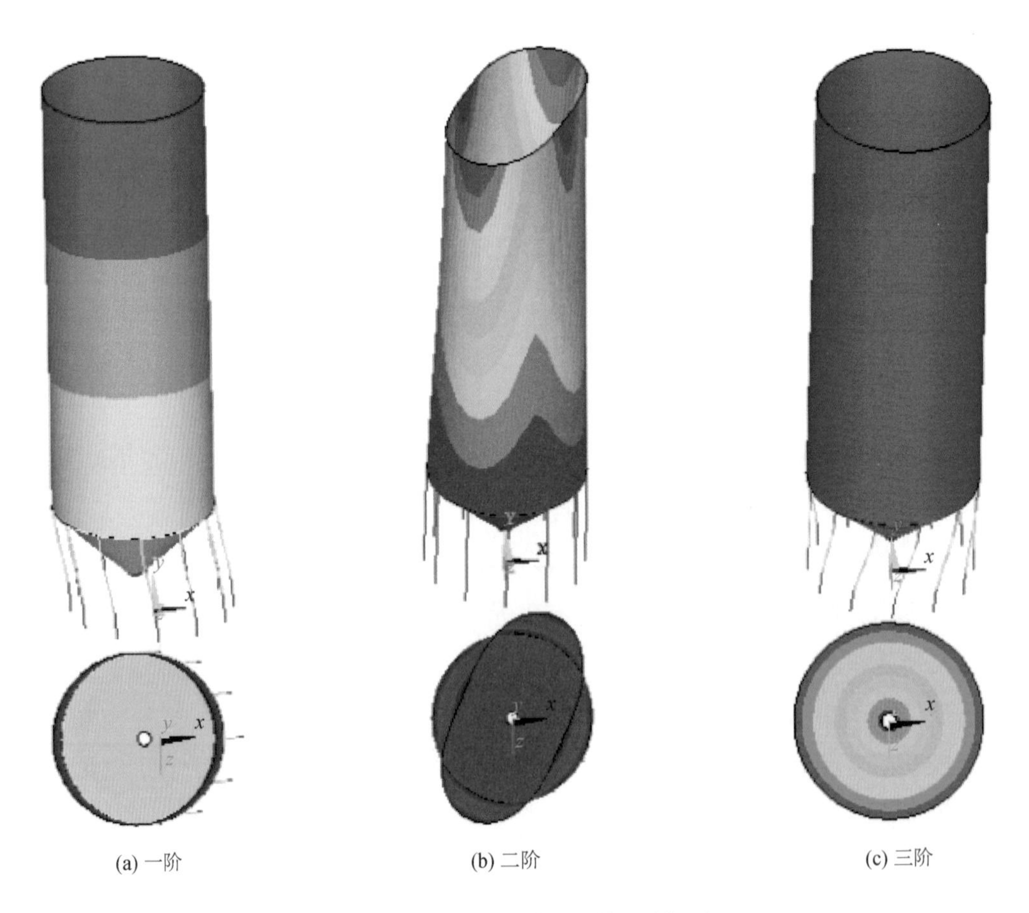

(a) 一阶　(b) 二阶　(c) 三阶

图 7.11　钢筋混凝土单仓的前三阶振型

7.8.2　静态侧压力验证

为了进一步验证钢板仓有限元模型的合理性和准确性，将粮食钢板筒仓规范(GB 50322—2011)中静态贮料作用于仓壁单位面积上的水平压力标准值 p_{hk} 与有限元模型计算得到的仓壁水平压力进行对比。

通过计算可以发现，研究使用的钢板仓贮料计算高度 h_n 与仓内径 d_n 比值小于1.5，属于浅仓，为了对比有限元与规范计算结果，沿仓壁不同高度选取关键节点如图7.12所示，用两种方式分别计算仓壁不同高度关键节点的水平静态侧压力。

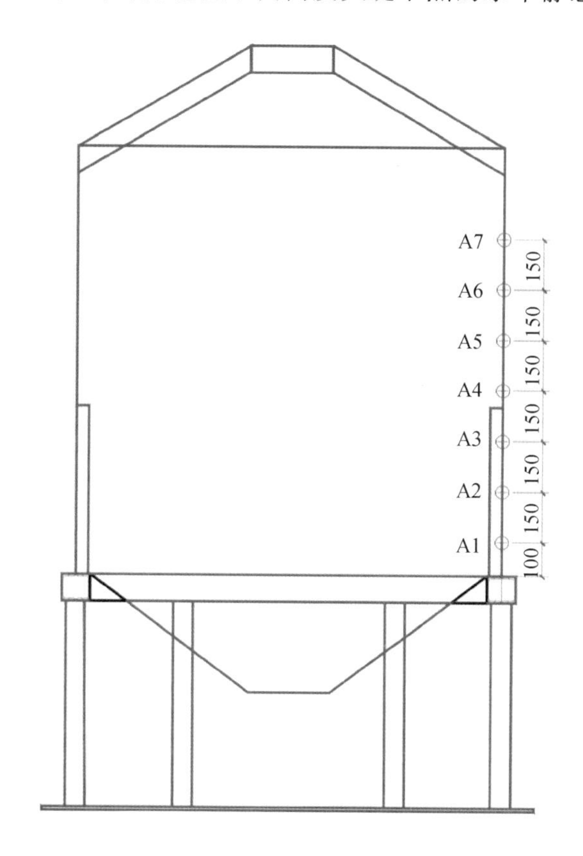

图7.12　计算静态侧压力关键节点的选取

由于钢板仓模型属于浅仓，根据浅仓仓壁单位面积水平压力标准值计算公式，计算得到关键节点仓壁单位面积水平压力，并根据有限元模型计算结果，获取第一个分析步(重力作用)结束时仓壁的静态侧压力。浅仓仓壁单位面积水平压力标准值为

$$p_{hk}=k\gamma s \tag{7.1}$$

式中：k——储粮侧压力系数，取值为0.805；

γ——储粮的重力密度；

s——储粮顶面或锥体重心至计算截面距离。

表7.3为有限元法与规范仓壁侧压力的计算结果，可以看出两者的计算结果较为接近：两者从A1到A7节点的仓壁侧压力均逐渐减小，表明越靠近仓底，仓壁静态侧压力越大；一般情况下，国内规范偏向于安全考虑，设计较为保守，钢板仓模型有限元计算的静态侧压力与规范值较为接近，主要原因在于有限元模型采用的是缩尺模型，模型建立时仓壁上设置有附加额外质量，这部分质量以非结构性质量的形式附加在贮料上，而采用规范计算时并未考虑这部分质量，导致有限元模拟结果较正常情况略大。总体而言，两者数据基本一致，进一步验证了有限元模型的准确性。

表7.3　有限元与规范计算的关键节点处仓壁侧压力　　单位：kPa

计算节点	A1	A2	A3	A4	A5	A6	A7
有限元计算结果	10.07	8.89	7.53	6.24	5.03	3.72	2.15
规范计算结果	10.54	9.19	7.84	6.49	5.14	3.79	2.45

7.9 本章小结

本章主要介绍了采用ABAQUS有限元软件进行钢板仓有限元模型各部件的建模方法，主要包含了部件建立、赋予部件材料属性、部件装配、建立分析步、荷载及相互作用和网格划分等过程，并将模拟模态与相关文献模拟结果进行了对比，将静态侧压力模拟结果与规范公式计算结果进行了对比，从两个方面验证了该模型的准确性和合理性，为后续利用有限元进行钢板仓模型的动力时程分析奠定了基础。

第八章

地震作用下钢板仓模型动态侧压力的有限元分析

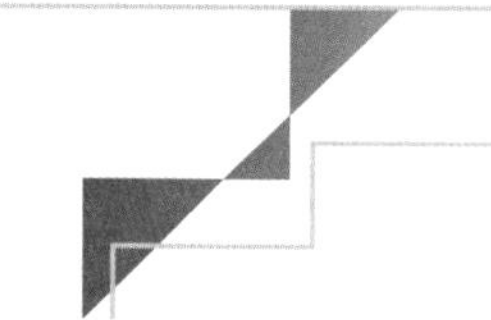

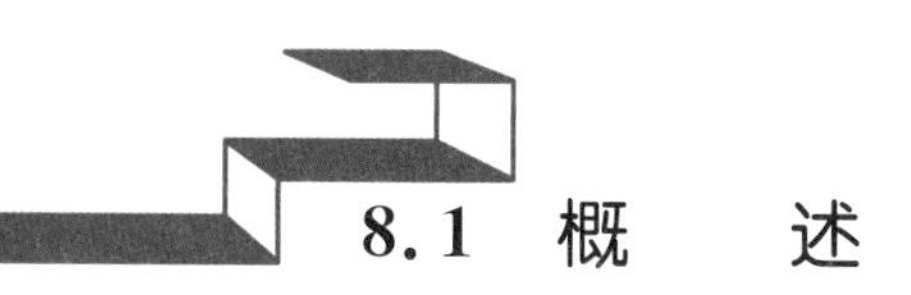

8.1 概　　述

钢板仓-散料结构体系中，内部散料的荷载远大于结构自重。在地震作用下，由于散料之间、散料与仓壁之间摩擦力的存在，散料与仓体振动并不一致，各部位散料的振动时程也不一致，散料颗粒之间的相互运动可以起到一定耗能作用，因此，仓壁各部位受到的贮料动态侧压力与卸料作用下有较大差别。本章阐述不同贮料工况下钢板仓模型的动态侧压力分布规律，并给出相应的动态超压系数取值建议。

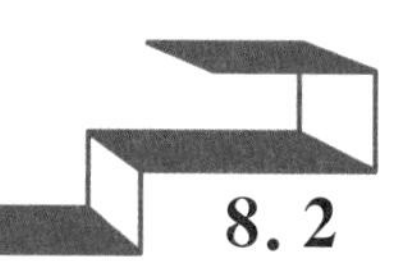

8.2 不同贮料工况下钢板仓模型动态侧压力分布规律

本章对半仓工况和满仓工况中地震作用下的贮料侧压力进行研究。图 8.1 和图 8.2 分别为半仓和满仓工况下的仓壁侧压力云图。可以发现：在自重荷载下，仓壁静态侧压力作用减—增—减均匀变化，仓壁对称点静态侧压力大小相同；地震波加载初期，加速度较小，仓壁动态侧压力较静态侧压力增大不明显；随着地震波的持续施加，地震波峰值加速度增大，仓壁动态侧压力逐渐增大，沿着地震波方向仓壁对称位置侧压力大小不再保持一致，散料颗粒移动方向的仓壁动态侧压力增大，脱离方向的动态侧压力减小。因此，地震波作用下，散料颗粒下沉、左右晃动、上下晃动等多种变形同时引起了仓壁动态侧压力的变化，上部散料颗粒变形幅度较下部散料颗粒大，仓壁动态侧压力也呈现上部较下部变化明显的趋势。

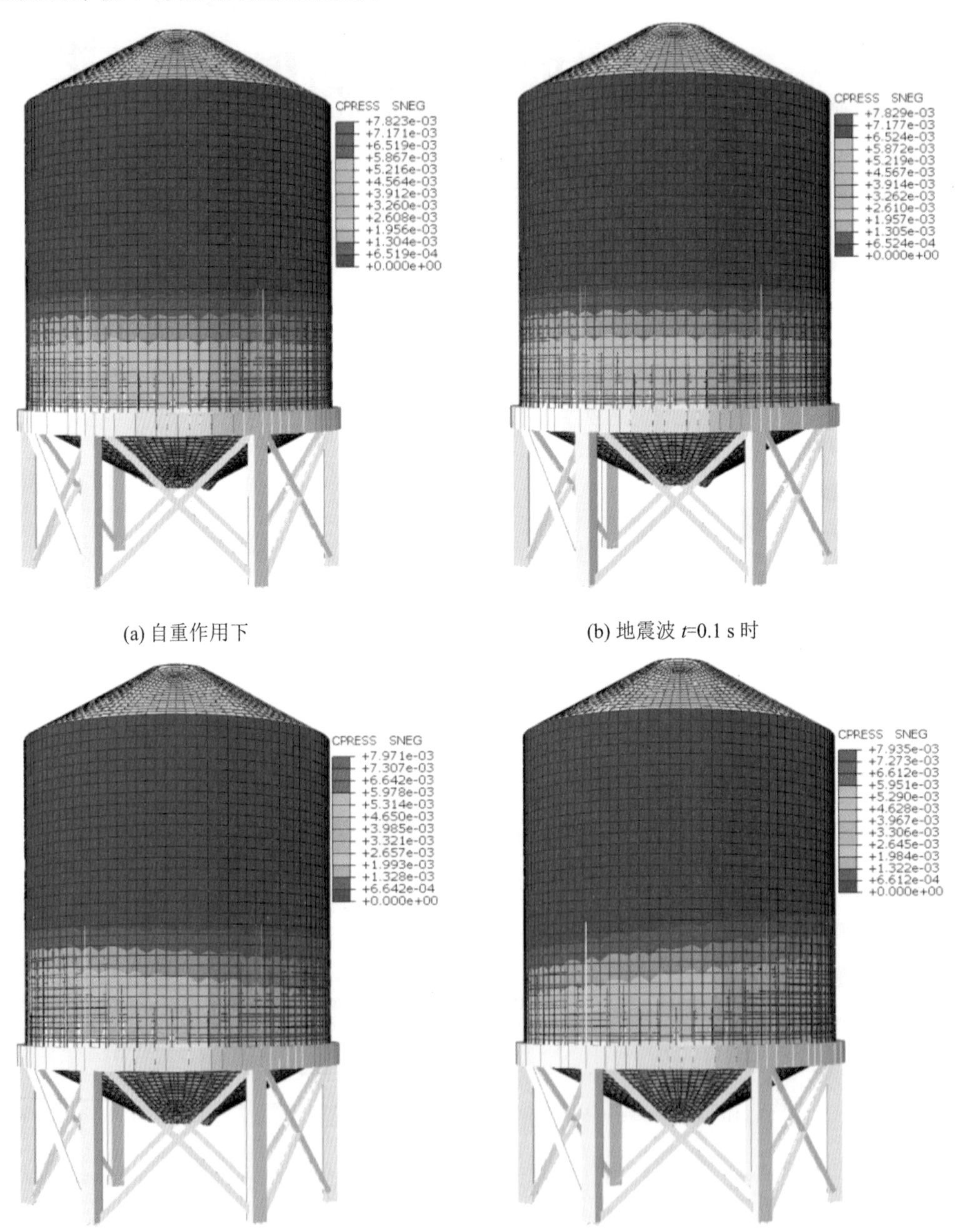

(a) 自重作用下　　(b) 地震波 t=0.1 s 时

(c) 地震波 t =0.42 s 时　　(d) 地震波 t=0.55 s 时

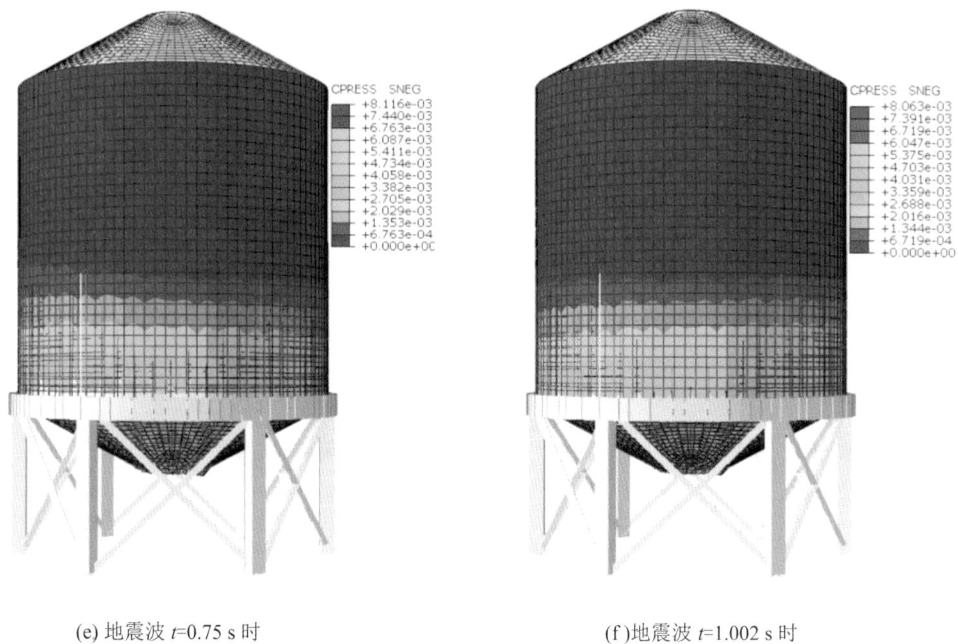

(e) 地震波 t=0.75 s 时　　(f)地震波 t=1.002 s 时

图 8.1　半仓工况钢板仓模型部分时刻的侧压力云图

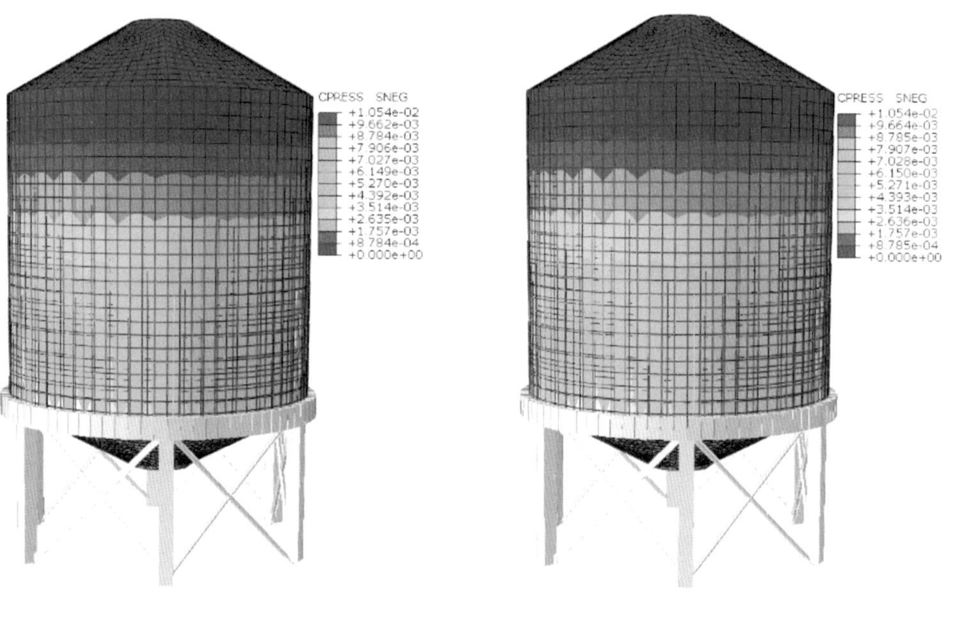

(a) 自重作用下　　(b) 地震波 t =0.1 s 时

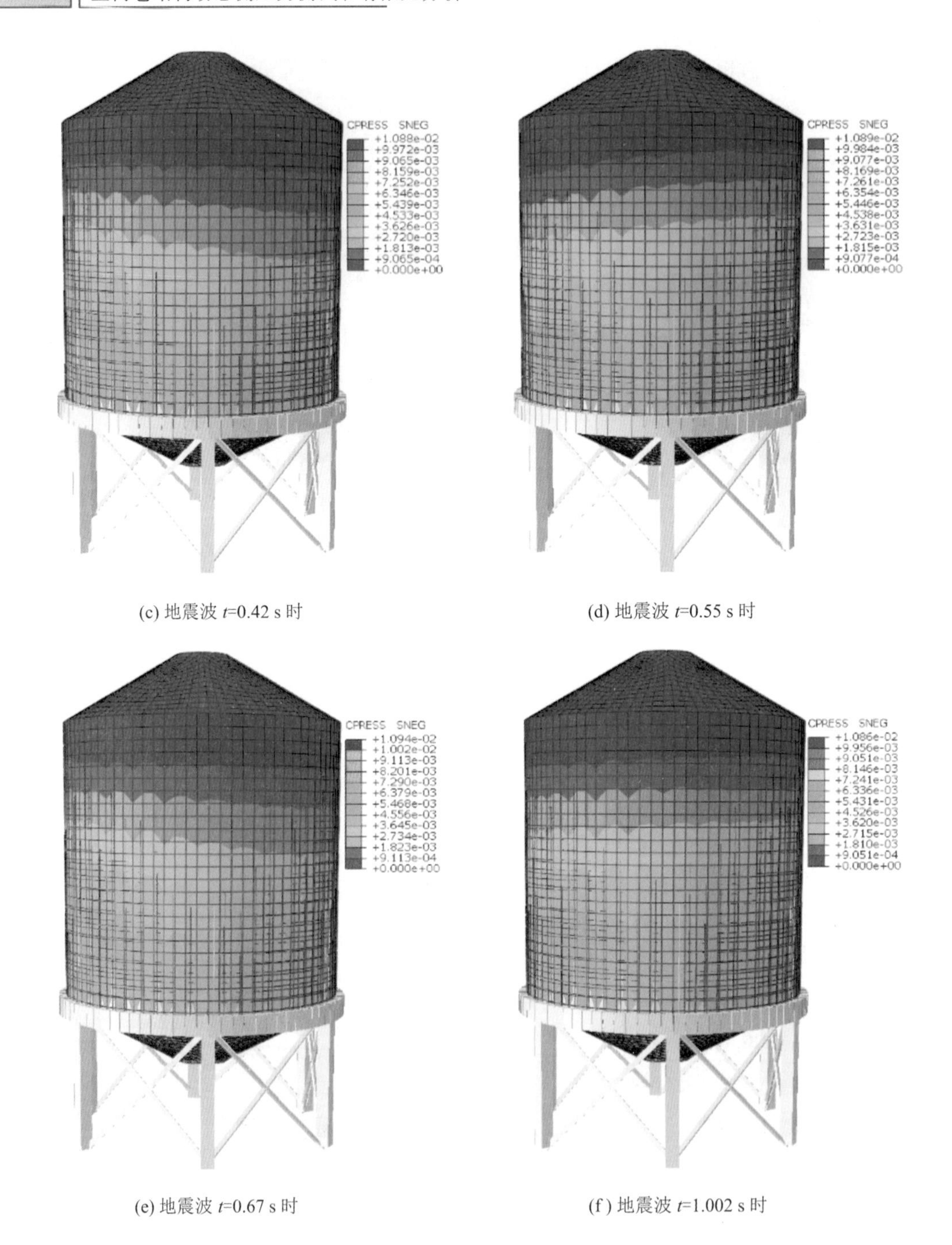

(c) 地震波 t=0.42 s 时

(d) 地震波 t=0.55 s 时

(e) 地震波 t=0.67 s 时

(f) 地震波 t=1.002 s 时

图 8.2 满仓工况钢板仓模型部分时刻的侧压力云图

为了便于描述贮料对钢板仓模型的动态侧压力特征，将地震作用过程中动态侧压力与静态侧压力的差值作为研究对象，差值是正数表示增值，负数表示减值，定义筒仓侧壁最底部坐标为 0，沿高度方向逐渐增加。为获得地震作用下筒仓贮料对仓壁侧压力的变化规律，由下到上共选取 7 个关键节点(P1～P7)，节点位置如图 8.3 所示。

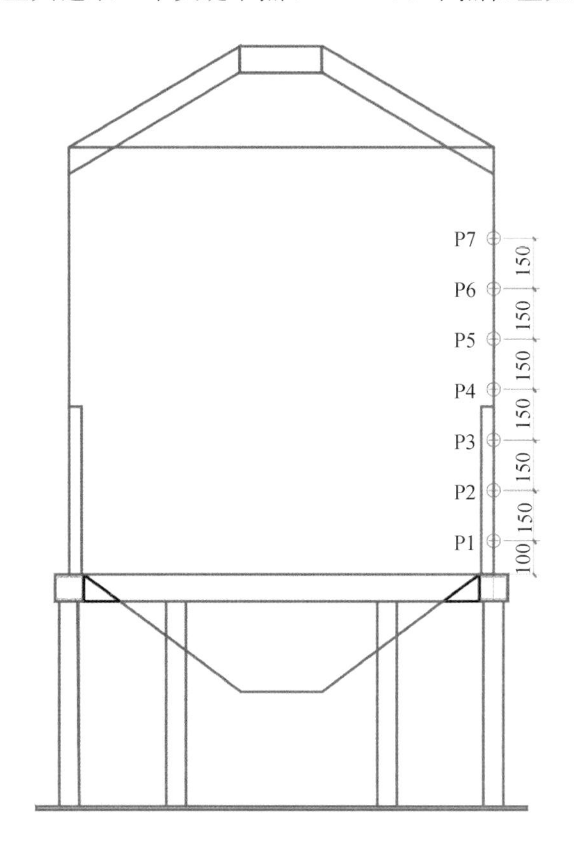

图 8.3　分析侧压力时选取的关键节点

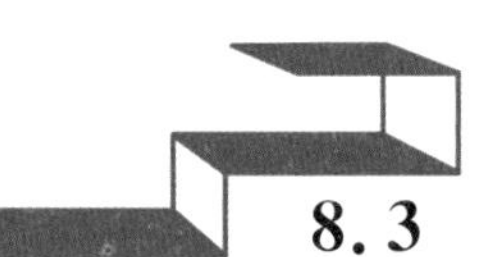

8.3　半仓工况下钢板仓模型的动态侧压力响应

表 8.1 为半仓模型在不同设防水准等级地震波作用下的动态侧压力增值和减值数据，根据表 8.1 绘制出动态侧压力增值和减值沿高度的变化趋势如图 8.4 所示。

表 8.1 半仓工况时不同地震波作用下的动态侧压力增值和减值

加速度峰值	节点编号	测点高度/m	EL-Contro 波/Pa		唐山波/Pa		人工波/Pa	
			增值	减值	增值	减值	增值	减值
0.079g	P1	0.1	69.92	−72.42	61.351	−569.06	64.32	−77.81
	P2	0.25	39.65	−44.38	36.048	−36.3	35.67	−49.41
	P3	0.4	23.56	−23.27	21.211	−19.98	18.41	−23.84
	P4	0.55	391.01	−349.72	372.13	−349.59	70.13	−96.45
	P5	0.7	35.62	−47.38	24.93	−41.97	41.52	−47.30
0.112g	P1	0.1	96.98	−99.19	124.21	−536.08	82.77	−114.38
	P2	0.25	54.63	−60.12	69.48	−80.61	48.06	−69.79
	P3	0.4	32.51	−31.85	35.26	−42.55	26.52	−34.2
	P4	0.55	439.28	−380.24	397.62	−417.74	103.75	−157.95
	P5	0.7	50.62	−65.27	46.04	−83.58	49.23	−61.77
0.157g	P1	0.1	135.38	−132.64	173.35	−536.08	135.99	−151.04
	P2	0.25	74.03	−79.29	98.16	−112.05	73.74	−92.38
	P3	0.4	43.75	−45.93	53.66	−57.48	42.5	−42.78
	P4	0.55	480.26	−429.32	437.47	−355.87	144.91	−205.13
	P5	0.7	70.3	−99.82	63.96	−115.04	86.74	−88.65
0.224g	P1	0.1	187.78	−180.33	248.08	−536.08	179.21	−222.55
	P2	0.25	102.13	−108.86	142.44	−159.17	95.57	−128.14
	P3	0.4	63.41	−66.98	82.28	−73.23	52.13	−65.05
	P4	0.55	552.89	−531.1	572.67	−455.64	550.97	−451.46
	P5	0.7	102.48	−137.01	98.97	−170.49	126.51	−149.71
0.280g	P1	0.1	213.02	−226.78	206.2	−570.43	206.20	−306.08
	P2	0.25	123.65	−131.04	113.55	−161.12	113.55	−161.12
	P3	0.4	81.56	−66.84	66.93	−75.61	66.93	−75.612
	P4	0.55	481.43	−561.38	640.04	−470.63	640.04	−430.63
	P5	0.7	118.83	−151.87	124.51	−193.44	124.51	−153.44

从图 8.4 可以看出：半仓工况下 3 种地震波沿高度方向均呈现减-增-减趋势，最大值出现在距仓壁底部 0.55 m 高度处(加劲肋顶部附近)，最小值出现在 0.7 m 高度处(贮料顶部附近)，在地震作用下由于仓壁下半部分有加劲肋支承，动态侧压力增值与

减值相对较小，在加劲肋顶部产生应力集中，导致动态侧压力增值与减值发生剧增，在贮料顶部受重力影响较小，贮料较为松散，在地震作用下对仓壁产生的侧压力较小，增值和减值也相对较小；随输入加速度峰值的增大，在地震作用下贮料晃动更加剧烈，对仓壁的挤压程度加大，相较于静态侧压力变化更大，导致动态侧压力增值与减值也增大；在相同加速度峰值作用下 EL-Contro 波、唐山波、人工波动态侧压力数据较为接近，受波形影响，在唐山波作用下仓壁底部动态侧压力负值与 EL-Contro 波和人工波有所差异。通过分析可以看出，地震波加速度峰值对动态侧压力增值和减值影响较大，地震波波形对动态侧压力增值和减值影响较小。

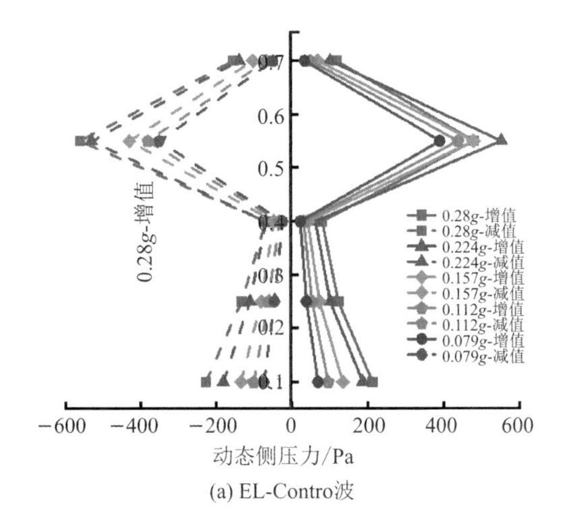

(a) EL-Contro波

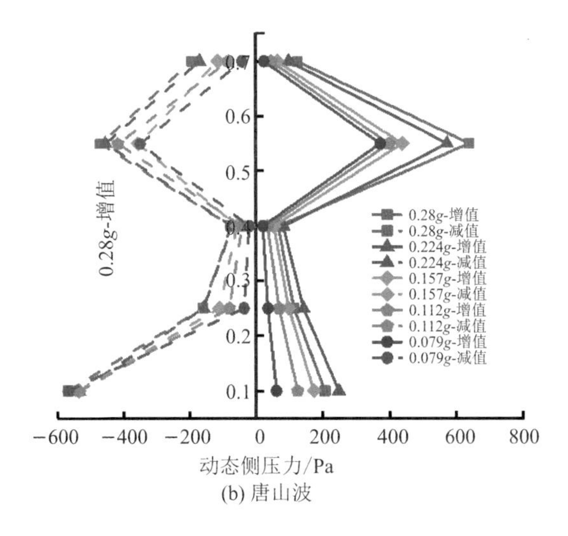

(b) 唐山波

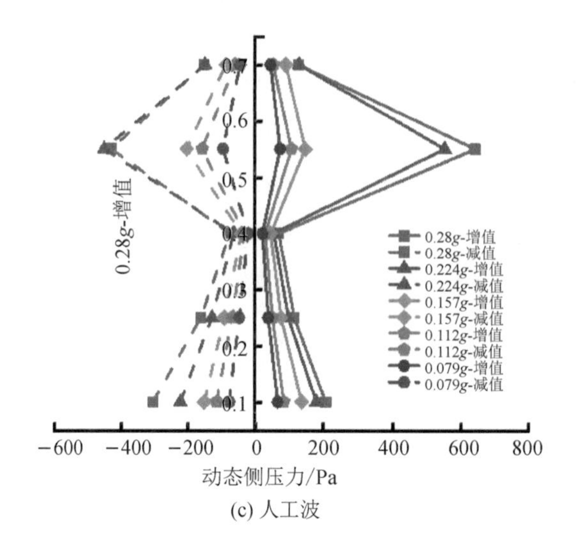

(c) 人工波

图 8.4 半仓工况时动态侧压力的增值和减值分布图

8.4 满仓工况下钢板仓模型的动态侧压力响应

表 8.2 为满仓工况在不同设防水准等级地震波作用下的动态侧压力增值和减值数据，不同加载等级下贮料对钢板仓模型的动态侧压力如图 8.5 所示。

表 8.2 满仓工况时不同地震波作用下的动态侧压力增值和减值

加速度峰值	节点编号	测点高度/m	EL-Contro 波/Pa		唐山波/Pa		人工波/Pa	
			增值	减值	增值	减值	增值	减值
0.079g	P1	0.1	156.67	−233.19	163.71	−280.21	161.71	−229.21
	P2	0.25	103.92	−166.55	111.51	−202.61	106.51	−174.61
	P3	0.4	65.78	−111.42	70.074	−133.01	70.074	−102.09
	P4	0.55	180.92	−551.71	205.29	−563.36	195.29	−341.21
	P5	0.7	32.64	−75.58	55.94	−96.063	46.94	−89.04
	P6	0.85	15.39	−41.32	33.26	−53.62	23.25	−51.98
	P7	1	27.18	−42.16	21.14	−55.57	27.14	−53.28

续表

加速度峰值	节点编号	测点高度/m	EL-Contro 波/Pa		唐山波/Pa		人工波/Pa	
			增值	减值	增值	减值	增值	减值
0.112g	P1	0.1	208.72	−334.43	332.38	−323.93	232.38	−317.28
	P2	0.25	137.99	−239.14	218.73	−217.65	158.73	−221.53
	P3	0.4	86.16	−160.08	132.53	−133.27	105.33	−131.02
	P4	0.55	258.17	−631.9	404.81	−687.4	264.81	−427.4
	P5	0.7	50.13	−107.25	70.56	−106.37	68.96	−116.69
	P6	0.85	22.03	−57.97	33.95	−81.98	31.95	−79.22
	P7	1	43.205	−67.78	46.80	−70.18	42.23	−72.93
0.157g	P1	0.1	278.86	−469.59	459.24	−435.16	319.45	−415.53
	P2	0.25	183.38	−335.83	302.60	−291.75	214.97	−271.82
	P3	0.4	112.56	−224.89	183.83	−177.80	141.31	−171.74
	P4	0.55	359.66	−703.87	564.70	−804.38	354.70	−564.38
	P5	0.7	76.071	−148.874	97.83	−143.99	98.36	−141.45
	P6	0.85	36.67	−78.073	47.42	−107.82	49.22	−94.48
	P7	1	65.03	−102.87	68.01	−94.52	67.07	−97.87
0.224g	P1	0.1	389.39	−663.71	469.44	−653.96	471.47	−648.88
	P2	0.25	255.24	−476.13	316.43	−476.51	319.42	−475.15
	P3	0.4	155.16	−320.23	192.66	−312.07	195.13	−314.85
	P4	0.55	511.96	−871.13	554.77	−892.05	548.68	−889.57
	P5	0.7	111.74	−211.92	109.77	−229.63	111.27	−231.31
	P6	0.85	53.11	−109.70	58.67	−172.98	57.79	−175.31
	P7	1	119.1	−149.70	132.10	−192.98	107.92	−194.47
0.28g	P1	0.1	486.91	−815.26	587.28	−776.6	579.85	−774.67
	P2	0.25	318.23	−586.59	385.58	−569.62	381.74	−572.18
	P3	0.4	192.99	−396.07	251.19	−376.86	255.14	−373.83
	P4	0.55	638.67	−1241.28	687.26	−1016.14	684.54	−1012.31
	P5	0.7	114.07	−267.34	168.57	−264.8	165.75	−268.73
	P6	0.85	88.533	−142.29	94.567	−244.35	93.26	−247.42
	P7	1	129.06	−199.65	172.83	−325.02	166.39	−331.15

从图 8.5 可以看出：满仓工况下三种地震波沿高度方向动态侧压力增值与减值均呈现两端小、中间大现象，其中，仓壁下半部分变化趋势与半仓工况相近，最大值出现

在距仓壁底部 0.55 m 高度处(加劲肋顶部附近)，最小值出现在 0.8 m 高度处(贮料顶部附近)。满仓工况下，接近仓顶部分贮料在鞭梢效应下对仓壁的压力增大，导致仓顶位置动态侧压力增值与减值有所增加，而半仓工况下，由于填料较少，鞭梢效应不明显，同时在加劲肋顶部也产生应力集中，在此处动态侧压力增值与减值达到最大。与半仓工况下相同的是，随输入加速度峰值的增大，动态侧压力增值与减值也增大；不同的是，在半仓工况时 3 种地震波作用下的动态侧压力增值均大于减值，而满仓工况下动态侧压力增值小于减值，且在相同加速度峰值作用下 EL-Contro 波的动态侧压力大于唐山波、人工波，这是由贮料在钢板仓内晃动的不确定性导致。通过对比半仓和满仓工况下的数据可以得到相同的结论：地震波加速度峰值对动态侧压力增值和减值的影响大于地震波波形对动态侧压力增值和减值的影响。

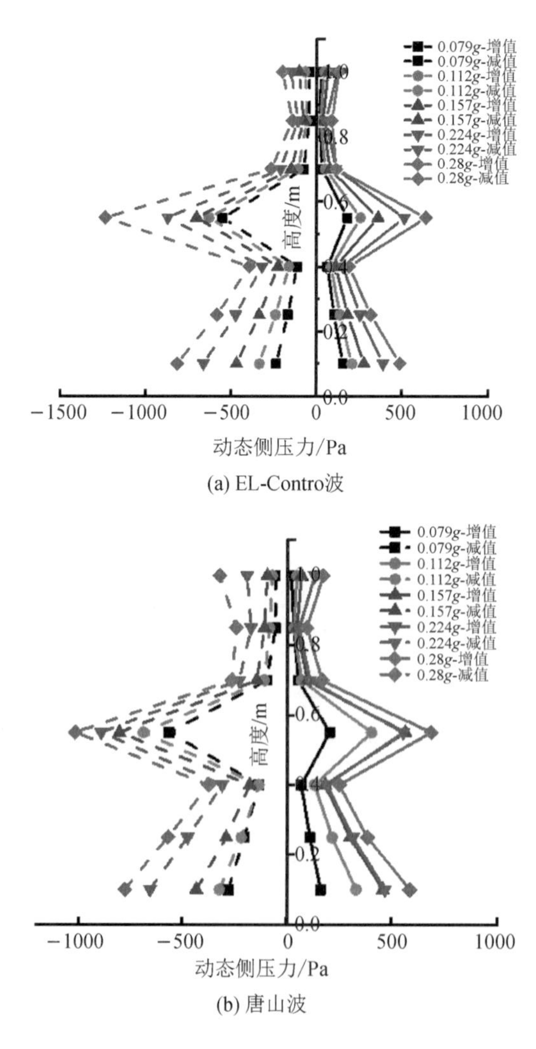

(a) EL-Contro波

(b) 唐山波

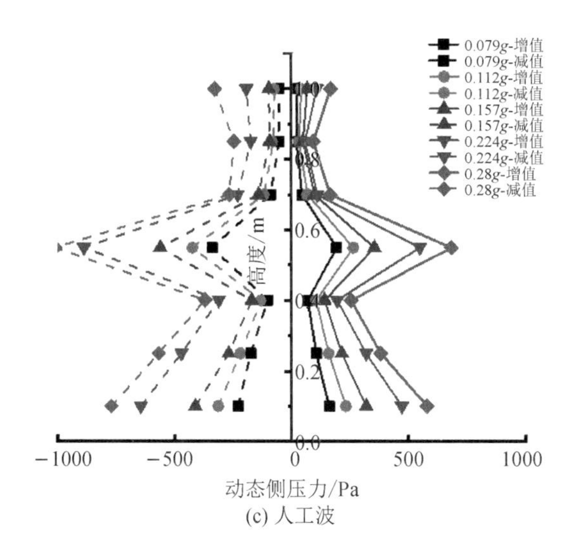

(c) 人工波

图 8.5　满仓工况时动态侧压力的增值和减值分布图

8.5　地震作用下钢板仓模型的动态侧压力超压系数

通过对半仓、满仓工况下动态侧压力增值与减值的分析可以发现，在地震作用下，仓壁承受的侧压力比静态侧压力大的多，因此在进行抗震设计时对于超压部分荷载是要重点考虑的。为了便于与规范对比分析，定义超压系数为同一工况下动态侧压力的绝对值最大值与静态侧压力的比值，计算公式如下：

$$C_{pi}=\frac{p_{hi}}{p_{hoi}} \tag{8.1}$$

式中，C_{pi}——第 i 个测点的动态侧压力超压系数；

p_{hoi}——静态侧压力；

p_{hi}——动态侧压力绝对值。

为了便于同规范对比，将钢板仓模型看作 3 质点模型，分为上部、中部、下部，将各部分测点动态侧压力的绝对值与静态侧压力比值的平均值作为该部分的超压系数（注：P1～P3 为下部，P3～P5 为中部，P5～P7 为上部）。表 8.3 为满仓工况时动态侧压力超压系数计算结果。

将不同设防水准条件 3 种地震波作用下的动态侧压力超压系数同粮食钢板筒仓设

计规范 GB 50322—2011 对比可以发现，以本章研究的钢板仓为例，在设防水准小于 0.157g 的地震波作用下，动态侧压力超压系数均小于规范值，在设防水准为 0.224g 和 0.28g 时则出现动态侧压力超压系数大于规范值的情况，表明地震加速度峰值小于 0.157g 时，仓体可以承受贮料侧压力，当地震加速度峰值达到 0.224g 以上时，部分仓壁侧压力超出规范值。此外，从表 8.3 中可以看出，在钢板仓中部和底部超压系数相对较小，仓顶部分相对较大，原因在于中下部沿仓壁内侧有加劲肋支承，分担了大部分压力。

表 8.3　满仓工况时的动态侧压力超压系数

地震波类型	输入加速度峰值/g	上部	中部	下部
EL-Centro 波	0.079	1.27	1.29	1.16
	0.112	1.42	1.42	1.22
	0.157	1.64	1.60	1.29
	0.224	2.03	1.87	1.40
	0.28	2.18	1.99	1.50
唐山波	0.079	1.39	1.40	1.17
	0.112	1.54	1.63	1.34
	0.157	1.77	1.87	1.47
	0.224	2.09	1.92	1.49
	0.28	2.57	2.27	1.62
人工波	0.079	1.20	1.15	1.13
	0.112	1.44	1.29	1.32
	0.157	1.93	1.55	1.54
	0.224	1.93	1.55	1.52
	0.28	2.19	1.67	1.64
规范值	—	1.5～2.0	2.0	2.0

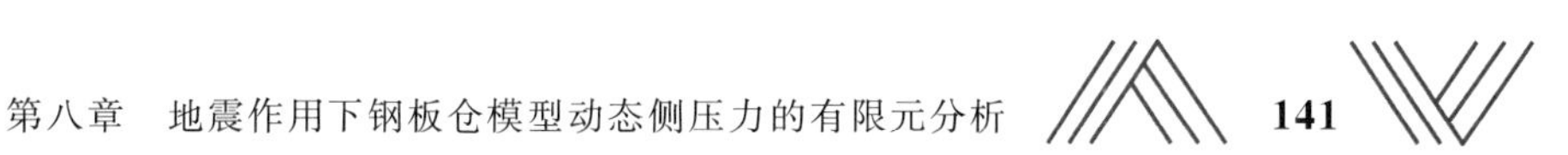

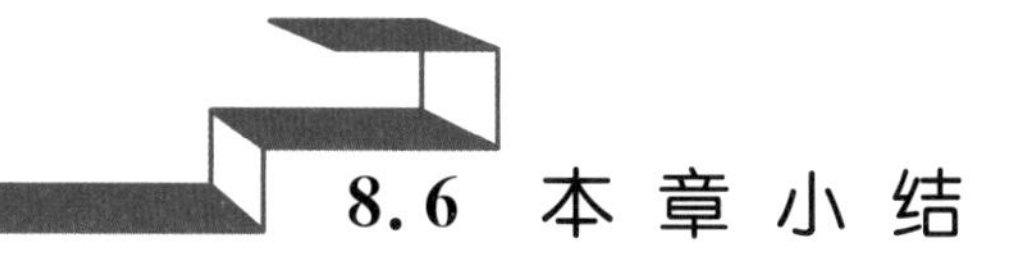

8.6 本章小结

通过有限元模型获得半仓、满仓工况时动态侧压力数据，结合静态侧压力得出动态侧压力增值与减值数据，通过对动态侧压力增值与减值对比分析得到以下结论：半仓和满仓工况下动态侧压力增值与减值均随输入加速度峰值的增大而增大，随贮料的增加而增大，且半仓和满仓工况下动态侧压力增值与减值的最大值均出现在加劲肋顶部附近，表明该处属于薄弱环节，建议加劲肋在设置时尽量沿仓壁全高设置，避免在仓壁中部出现应力集中现象；对比满仓工况下动态侧压力超压系数与规范发现，在设防水准为 0.157g 以下的地震波作用下，动态侧压力超压系数小于规范值，在设防水准为 0.224g 和 0.28g 时则出现动态侧压力超压系数大于规范值情况，且在钢板仓中部和底部超压系数相对较小，仓顶部分相对较大，原因在于中下部沿仓壁内侧有加劲肋支承，分担了大部分压力。

第九章

地震作用下钢板仓模型位移和加速度的有限元分析

9.1 概　　述

在地震作用下，钢板仓模型内部的贮料会出现主要沿水平方向的振动，当地震作用较大时，上部贮料会出现脱离仓体的现象，仓内的贮料和仓体本身的位移、加速度会有一定区别。本章将详细阐述空仓、半仓和满仓3种工况下加速度和位移沿立筒仓高度的变化趋势，通过分析得出加速度和位移的响应规律，并给出立筒仓不同高度关键节点的加速度和位移放大系数。

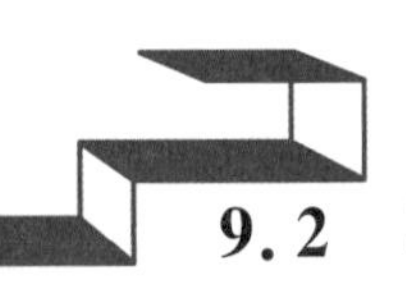

9.2 不同贮料工况下钢板仓模型的位移响应

9.2.1 不同时刻的位移云图

图9.1～图9.3分别为空仓、半仓和满仓工况下的位移云图。当仓内贮存散料颗粒时：在自重荷载和地震波作用下，主要为仓内贮料的变形，立筒仓模型本身变形很小；在自重荷载作用下，散料颗粒逐渐下沉直至密实，中间散料颗粒变形大，周围散料颗粒

变形小；随着地震波的施加，散料颗粒下沉、左右晃动和上下晃动多种变形同时存在，但总体变形仍然为中间大、周围小，由中间向四周近似呈抛物线的变形趋势。

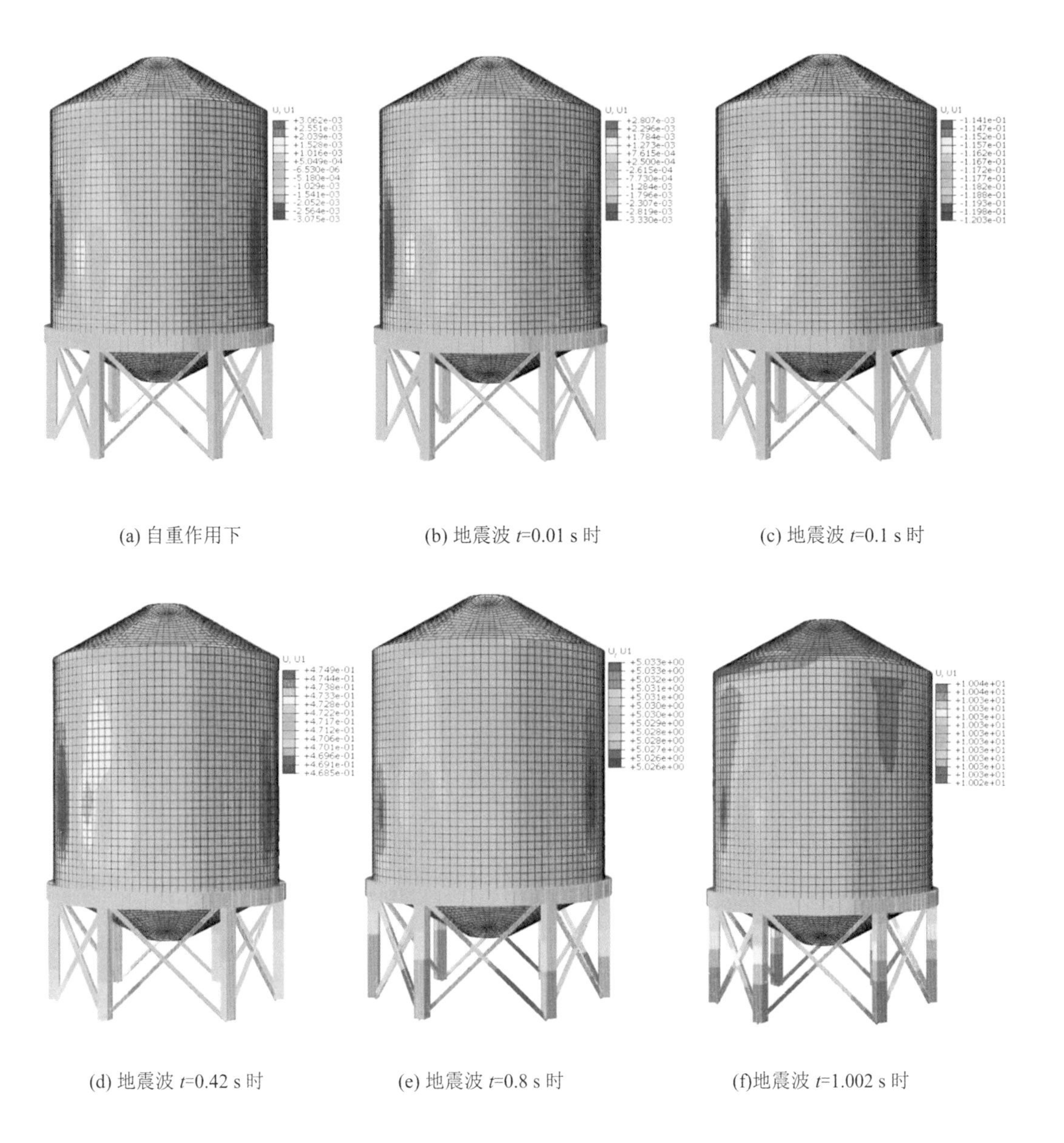

(a) 自重作用下　(b) 地震波 t=0.01 s 时　(c) 地震波 t=0.1 s 时

(d) 地震波 t=0.42 s 时　(e) 地震波 t=0.8 s 时　(f)地震波 t=1.002 s 时

图 9.1　空仓工况下钢板仓模型部分时刻的位移云图

为了研究钢板仓的位移变化趋势，这里选取关键节点进行位移响应分析。定义最大相对位移为同一工况关键节点绝对位移最大值相对柱底位移的差值。其计算公式如下：

(a) 自重作用下　(b) 地震波 t=0.01 s 时　(c) 地震波 t=0.1 s 时

(d) 地震波 t=0.42 s 时　(e) 地震波 t=0.8 s 时　(f) 地震波 t=1.002 s 时

图 9.2　半仓工况下钢板仓模型部分时刻的位移云图

$$\Delta U = U_{\max} - U_0 \tag{9.1}$$

式中：ΔU——最大相对位移；

$U_{\max}$——绝对位移最大值；

U_0——柱底位移。

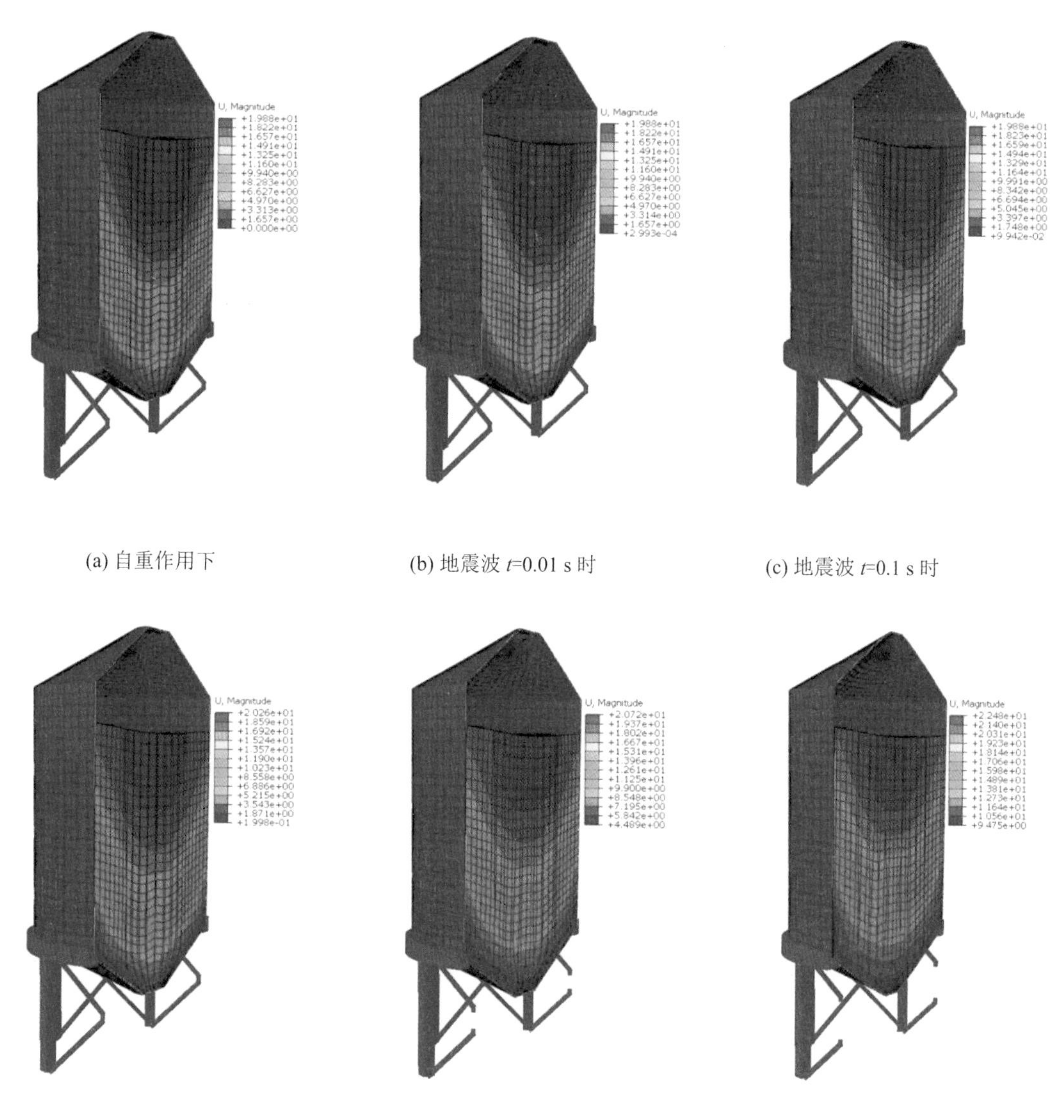

(a) 自重作用下 (b) 地震波 t=0.01 s 时 (c) 地震波 t=0.1 s 时

(d) 地震波 t=0.42 s 时 (e) 地震波 t=0.8 s 时 (f) 地震波 t=1.002 s 时

图 9.3 满仓工况下钢板仓模型部分时刻的位移云图

根据有限元模拟结果，得到不同工况下沿立筒仓高度方向关键节点的位移数据，关键节点如图 9.4 所示，通过计算可得出空仓、半仓、满仓工况下最大相对位移随高度的变化曲线。

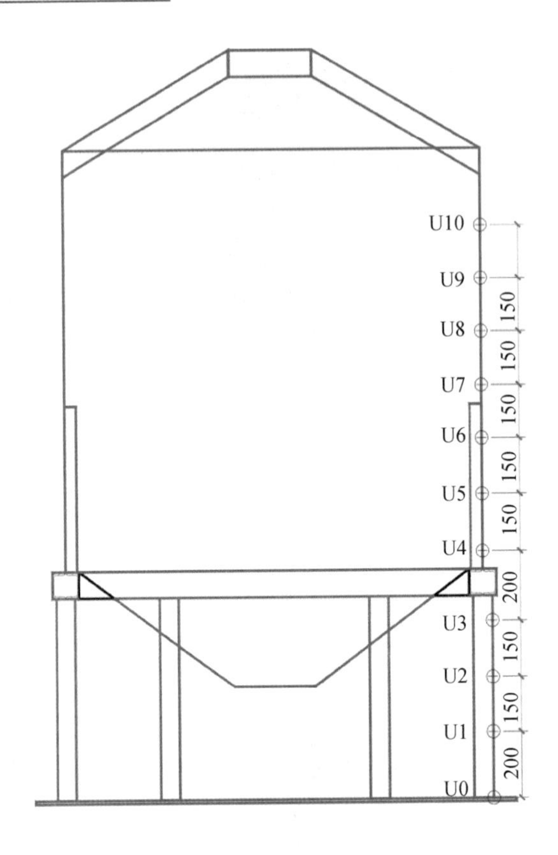

图 9.4　关键节点的示意图

9.2.2　空仓工况下的位移响应

在 3 种地震波 5 种不同设防水准加速度时程作用下，空仓工况时的最大相对位移如表 9.1 和图 9.5 所示。

从不同地震波作用下的最大相对位移数据及变化曲线可以看出，空仓工况时的最大相对位移沿高度方向均呈上升趋势，在仓顶位置有所下降，且接近支承柱底部的数据变化较慢。原因在于柱底采用刚性连接，限制了柱底变形，仓壁中间部位变化趋势基本保持线性增长，最大值出现在距柱底 1.2～1.3 m 高度范围内，总体变化规律与一阶、二阶振型较为相符。随着输入地震波加速度峰值的增加(从 0.079g 到 0.28g)，空仓工况下仓壁的最大相对位移均增大，表明钢板仓相对位移与输入加速度峰值有关，加速度峰值越大，相对位移越大，越容易产生破坏。

表 9.1　空仓工况时不同地震波作用下的最大相对位移

(a) EL-Centro 波作用下

测点编号	测点高度/m	最大相对位移/mm				
		7 度多遇(0.079g)	6 度设防(0.112g)	8 度多遇(0.157g)	7 度设防(0.224g)	6 度罕遇(0.28g)
U0	0	0	0	0	0	0
U1	0.2	0.00078	0.0012	0.0016	0.0023	0.0028
U2	0.35	0.002 43	0.004	0.0055	0.0077	0.0096
U3	0.5	0.003 85	0.0058	0.0081	0.0116	0.0145
U4	0.7	0.004 83	0.007 43	0.010 15	0.014 22	0.017 61
U5	0.85	0.006 23	0.009 22	0.012 69	0.017 88	0.022 22
U6	1	0.008 08	0.011 5	0.016	0.0228	0.0284
U7	1.15	0.009 37	0.013	0.0176	0.0246	0.0302
U8	1.3	0.0092	0.013 04	0.017 67	0.024 62	0.030 42
U9	1.45	0.008 87	0.012 86	0.017 38	0.024 16	0.029 81
U10	1.6	0.0076	0.011 88	0.0162	0.022 68	0.028 08

(b) 唐山波作用下

测点编号	测点高度/m	最大相对位移/mm				
		7 度多遇(0.079g)	6 度设防(0.112g)	8 度多遇(0.157g)	7 度设防(0.224g)	6 度罕遇(0.28g)
U0	0	0	0	0	0	0
U1	0.2	0.000 53	0.001 01	0.001 34	0.0019	0.0024
U2	0.35	0.001 69	0.002 23	0.0032	0.0047	0.0059
U3	0.5	0.0028	0.0038	0.0053	0.0076	0.0095
U4	0.7	0.0041	0.0057	0.0077	0.0107	0.0132
U5	0.85	0.0047	0.0066	0.0089	0.0125	0.0155
U6	1	0.0046	0.0068	0.0095	0.0137	0.0173
U7	1.15	0.0048	0.0072	0.0101	0.0145	0.0181
U8	1.3	0.0061	0.0081	0.0108	0.0147	0.018
U9	1.45	0.0062	0.0081	0.0107	0.0146	0.0179
U10	1.6	0.0057	0.0078	0.0104	0.0143	0.0176

(c) 人工波作用下

测点编号	测点高度/m	最大相对位移/mm				
		7 度多遇(0.079g)	6 度设防(0.112g)	8 度多遇(0.157g)	7 度设防(0.224g)	6 度罕遇(0.28g)
U0	0	0	0	0	0	0
U1	0.2	0.000 65	0.001 11	0.001 47	0.0021	0.0026
U2	0.35	0.002 06	0.003 12	0.004 35	0.0062	0.007 75
U3	0.5	0.003 32	0.0048	0.0067	0.0096	0.012
U4	0.7	0.004 47	0.006 56	0.008 93	0.012 46	0.015 41
U5	0.85	0.005 47	0.007 91	0.0108	0.015 19	0.018 86
U6	1	0.006 34	0.009 15	0.012 75	0.018 25	0.022 85
U7	1.15	0.007 09	0.0101	0.014 05	0.0194	0.024 25
U8	1.3	0.007 65	0.010 57	0.014 23	0.019 66	0.024 21
U9	1.45	0.007 54	0.010 48	0.014 04	0.019 38	0.023 86
U10	1.6	0.006 65	0.009 84	0.0133	0.018 49	0.022 84

在相同设防水准条件不同地震波作用下，钢板仓的最大相对位移变化趋势较为接近，但数据却有差异。从图 9.5 中可以看出，相同设防水准条件 EL-Centro 波作用下最大相对位移比唐山波和人工波大，人工波次之，唐山波最小，表明地震波波形对钢板仓的相对位移有一定影响。

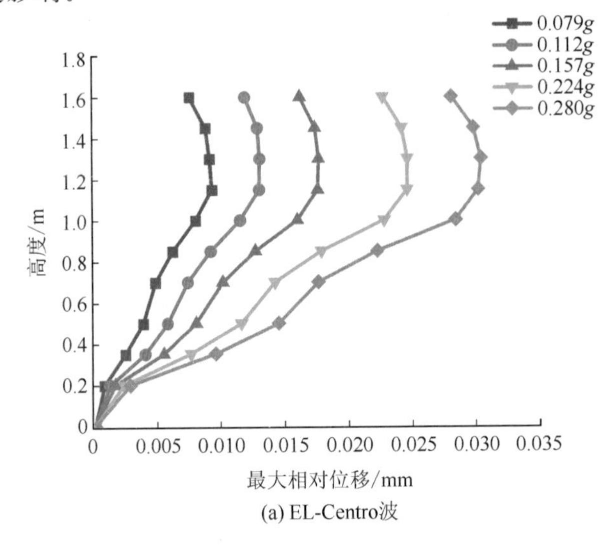

(a) EL-Centro波

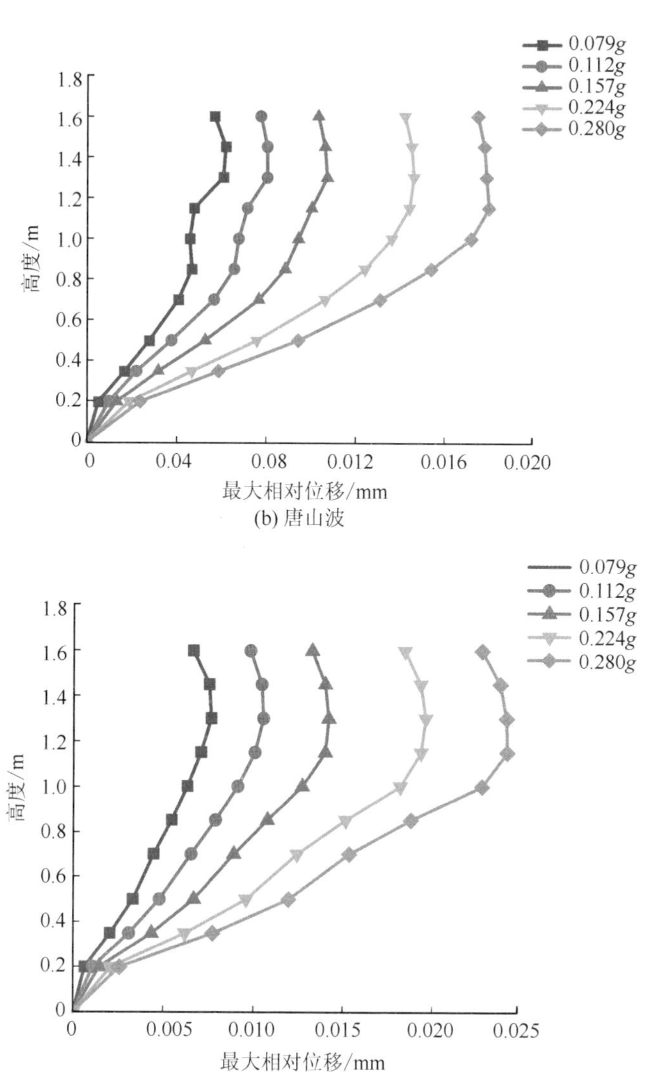

(b) 唐山波

(c) 人工波

图 9.5　空仓工况时不同地震波作用下的最大相对位移图

9.2.3　半仓工况下的位移响应

在不同地震波和设防水准加速度时程作用下，半仓工况时的最大相对位移如表 9.2 和图 9.6 所示。

表 9.2　半仓工况时不同地震波作用下的最大相对位移

(a) EL-Centro 波作用下

测点编号	测点高度/m	最大相对位移/mm				
		7 度多遇(0.079g)	6 度设防(0.112g)	8 度多遇(0.157g)	7 度设防(0.224g)	6 度罕遇(0.28g)
U0	0	0	0	0	0	0
U1	0.2	0.001 37	0.001 89	0.0026	0.003 66	0.0072
U2	0.35	0.005 66	0.007 58	0.010 14	0.014 02	0.018
U3	0.5	0.010 17	0.013 19	0.017 24	0.023 33	0.0297
U4	0.7	0.0142	0.0179	0.022 85	0.030 27	0.0411
U5	0.85	0.015 54	0.019 85	0.025 53	0.034 04	0.0464
U6	1	0.014 79	0.019 72	0.026 17	0.035 81	0.0499
U7	1.15	0.015 58	0.020 78	0.027 46	0.037 49	0.0523
U8	1.3	0.020 17	0.024 94	0.031	0.040 04	0.0532
U9	1.45	0.019 11	0.023 81	0.029 83	0.0388	0.0517
U10	1.6	0.016 41	0.021 12	0.027 24	0.036 37	0.0494

(b) 唐山波作用下

测点编号	测点高度/m	最大相对位移/mm				
		7 度多遇(0.079g)	6 度设防(0.112g)	8 度多遇(0.157g)	7 度设防(0.224g)	6 度罕遇(0.28g)
U0	0	0	0	0	0	0
U1	0.2	0.001 79	0.0044	0.0059	0.0083	0.0105
U2	0.35	0.007 31	0.0111	0.0149	0.0207	0.0258
U3	0.5	0.012 85	0.0186	0.0247	0.0339	0.0419
U4	0.7	0.017 49	0.0266	0.0345	0.0466	0.057
U5	0.85	0.019 23	0.0297	0.0388	0.0528	0.0649
U6	1	0.018 92	0.031	0.0414	0.0574	0.0712
U7	1.15	0.019 72	0.0329	0.0436	0.0599	0.074
U8	1.3	0.023 87	0.035	0.045	0.0601	0.0731
U9	1.45	0.023 87	0.0339	0.0436	0.0585	0.0714
U10	1.6	0.020 23	0.0314	0.0413	0.0562	0.0692

(c) 人工波作用下

测点编号	测点高度/m	最大相对位移/mm				
		7 度多遇 (0.079g)	6 度设防 (0.112g)	8 度多遇 (0.157g)	7 度设防 (0.224g)	6 度罕遇 (0.28g)
U0	0	0	0	0	0	0
U1	0.2	0.0024	0.003 88	0.0041	0.0064	0.0091
U2	0.35	0.0063	0.009 76	0.0098	0.0158	0.0223
U3	0.5	0.011	0.0164	0.0167	0.026	0.036
U4	0.7	0.0165	0.023 58	0.0242	0.0362	0.0491
U5	0.85	0.0179	0.026 22	0.0274	0.0406	0.0557
U6	1	0.0175	0.027 01	0.0289	0.0431	0.0607
U7	1.15	0.018 96	0.028 82	0.0309	0.0453	0.0635
U8	1.3	0.0221	0.031 17	0.0331	0.0464	0.0629
U9	1.45	0.0211	0.030 14	0.0318	0.0451	0.0615
U10	1.6	0.0187	0.027 79	0.0293	0.0426	0.0593

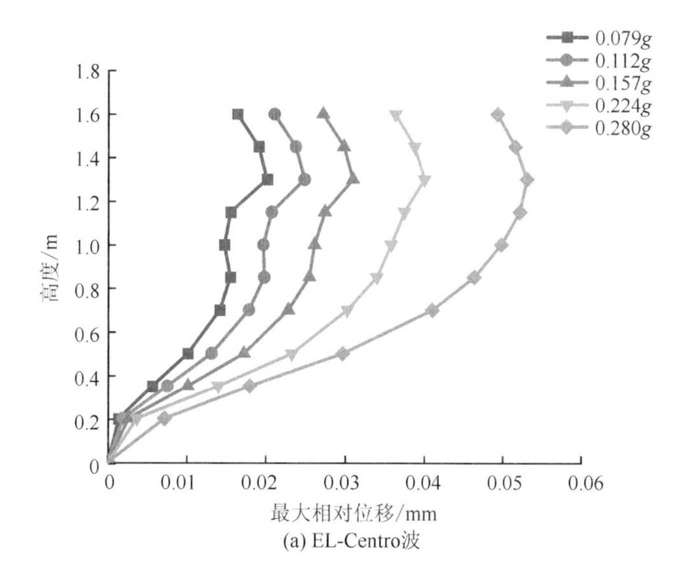

(a) EL-Centro波

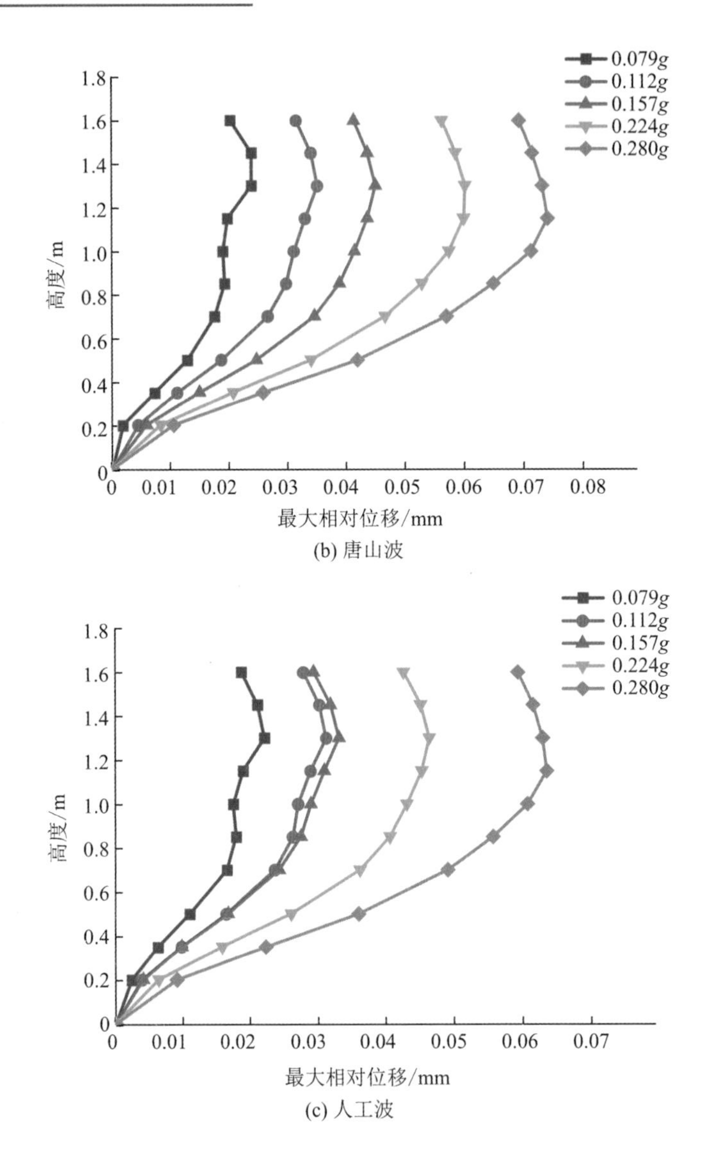

(b) 唐山波

(c) 人工波

图 9.6 半仓工况时不同地震波作用下的最大相对位移图

从图 9.6 中的最大相对位移变化曲线可以看出，半仓工况下最大相对位移与空仓工况有较多相似之处，其中接近支承柱底部的最大相对位移均较小，随高度的增加，最大相对位移逐渐增加，接近顶部处有所减小，最大相对位移最值出现位置与空仓工况相近。

以 EL-Centro 波为例，空仓工况下 5 种不同设防加速度峰值(0.079g～0.28g)的最大相对位移分别为 0.009 37、0.013 04、0.017 67、0.024 62、0.030 42，半仓工况下 5 种不同设防加速度峰值(0.079g～0.28g)的最大相对位移分别为 0.020 17、0.024 94、

0.031、0.040 04、0.0532，半仓工况相较于空仓工况的最大相对位移分别增加了115%、91%、81%、63%、75%。通过对比可以发现，半仓工况下的相对位移比空仓工况大，原因在于半仓工况中贮料在地震作用下带动了仓体晃动。

此外，空仓、半仓工况下的最大相对位移均随输入加速度峰值的增大而增大，在空仓工况人工波作用下，设防水准为 0.079g 和 0.112g 时的最大相对位移相差较大，而在半仓工况人工波作用下两者较为接近，造成这种现象的原因可能在于仓内贮料晃动的随机性及地震波的不确定性。在空仓工况下 EL-Centro 波的最大相对位移大于人工波和唐山波，而在半仓工况下唐山波的最大相对位移最大，人工波次之，EL-Centro 波最小，表明不同波形对模型产生的相对位移具有随机性。

9.2.4　满仓工况下的位移响应

在不同地震波和设防水准加速度时程作用下，满仓工况时的最大相对位移如表 9.3 和图 9.7 所示。

表 9.3　满仓工况时不同地震波作用下的最大相对位移

(a) EL-Centro 波作用下

测点编号	测点高度/m	最大相对位移/mm				
		7 度多遇(0.079g)	6 度设防(0.112g)	8 度多遇(0.157g)	7 度设防(0.224g)	6 度罕遇(0.28g)
U0	0	0	0	0	0	0
U1	0.2	0.004 83	0.006 62	0.009 01	0.012 77	0.015 83
U2	0.35	0.012 52	0.016 87	0.0227	0.031 86	0.0393
U3	0.5	0.0215	0.028 38	0.037 58	0.052 03	0.063 79
U4	0.7	0.031 18	0.040 04	0.051 83	0.0704	0.085 48
U5	0.85	0.033 73	0.043 95	0.057 64	0.079 04	0.096 36
U6	1	0.033 09	0.044 94	0.061 01	0.085 81	0.105 82
U7	1.15	0.035 25	0.047 65	0.064 31	0.0901	0.110 81
U8	1.3	0.040 78	0.052 33	0.067 46	0.091 22	0.110 19
U9	1.45	0.040 85	0.052 53	0.068 08	0.092 19	0.111 34
U10	1.6	0.038 96	0.051 05	0.067 73	0.092 71	0.112 15

(b) 唐山波作用下

测点编号	测点高度/m	最大相对位移/mm				
		7度多遇(0.079g)	6度设防(0.112g)	8度多遇(0.157g)	7度设防(0.224g)	6度罕遇(0.28g)
U0	0	0	0	0	0	0
U1	0.2	0.005 82	0.0086	0.0116	0.0135	0.0161
U2	0.35	0.014 98	0.0217	0.0289	0.0338	0.0401
U3	0.5	0.025 44	0.036	0.0475	0.0553	0.0652
U4	0.7	0.036 25	0.0501	0.0649	0.0747	0.0874
U5	0.85	0.039 49	0.0554	0.0725	0.0837	0.0981
U6	1	0.039 68	0.0576	0.0772	0.0907	0.1073
U7	1.15	0.042 03	0.0605	0.0809	0.0951	0.1121
U8	1.3	0.047 06	0.0645	0.0836	0.0961	0.1117
U9	1.45	0.047 26	0.0644	0.0835	0.097	0.1128
U10	1.6	0.045 69	0.0626	0.0821	0.0969	0.1131

(c) 人工波作用下

测点编号	测点高度/m	最大相对位移/mm				
		7度多遇(0.079g)	6度设防(0.112g)	8度多遇(0.157g)	7度设防(0.224g)	6度罕遇(0.28g)
U0	0	0	0	0	0	0
U1	0.2	0.005 32	0.007 61	0.010 31	0.013 14	0.015 97
U2	0.35	0.013 75	0.019 29	0.0258	0.032 83	0.0397
U3	0.5	0.023 47	0.032 19	0.042 54	0.053 66	0.064 49
U4	0.7	0.033 72	0.045 07	0.058 37	0.072 55	0.086 44
U5	0.85	0.036 61	0.049 67	0.065 07	0.081 37	0.097 23
U6	1	0.036 39	0.051 27	0.069 11	0.088 26	0.106 56
U7	1.15	0.038 64	0.054 07	0.072 61	0.0926	0.111 46
U8	1.3	0.043 92	0.058 42	0.075 53	0.093 66	0.110 95
U9	1.45	0.044 05	0.058 47	0.075 79	0.094 59	0.112 07
U10	1.6	0.042 33	0.056 83	0.074 91	0.094 81	0.112 63

图 9.7 为满仓工况下 3 种地震波的最大相对位移图。对比空仓、半仓工况下的最大相对位移可以发现，满仓工况下沿高度方向最大位移变化趋势与空仓、半仓工况不同，空仓、半仓工况下最大相对位移峰值出现在距仓底 1.2～1.3 m 高度处，仓顶最大相对位移有所减小，而满仓工况下最大相对位移均出现在仓顶位置，在靠近仓顶处最大相对位移趋于一致。对数据进行分析，可发现，满仓工况下最大相对位移最大，半仓工况次之，空仓工况最小，表明随着贮料的增加，最大相对位移也增加。以 EL-Centro 波为例，满仓工况下 5 种不同设防加速度峰值(0.079g～0.28g)的最大相对位移比半仓工况分别增加了 103%、111%、120%、130%、111%，比空仓工况分别增加了 336%、303%、285%、234%、269%，通过数据分析也可以发现满仓工况下的相对位移比空仓、半仓工况大。

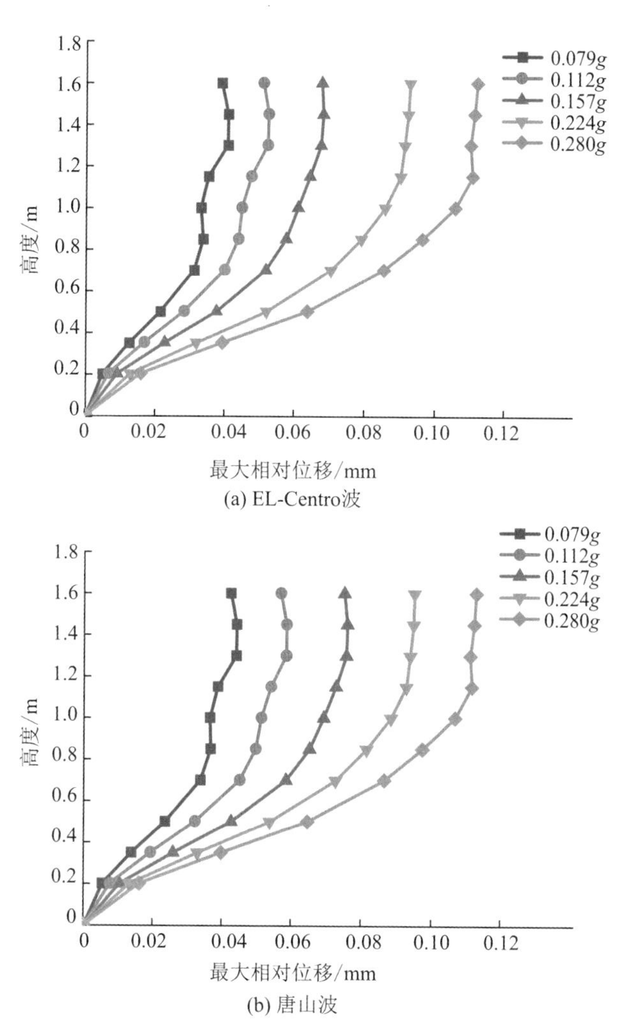

(a) EL-Centro波

(b) 唐山波

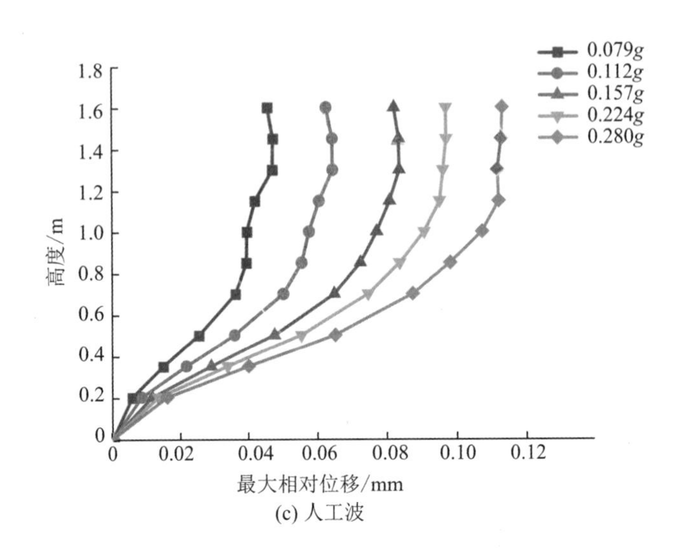

(c) 人工波

图 9.7 满仓工况时不同地震波作用下的最大相对位移图

此外，在满仓工况下，不同地震波产生的最大相对位移相近，与空仓和半仓工况不同，表明贮料可以减小波形对最大相对位移的随机性，贮料越多，在相同加速度峰值作用下不同波形产生的相对位移越接近。

9.3 不同贮料工况下钢板仓模型的加速度响应

9.3.1 不同工况下的加速度时程曲线

为了研究不同工况下钢板仓地震加速度响应，以唐山波为例，选取图 9.8 中的 A5 节点，绘制出不同工况下的加速度时程曲线如图 9.9 所示。

从图 9.9 中可以看出，不同输入加速度峰值作用下钢板仓的加速度响应相差较大，输入加速度峰值越大，加速度响应越大。此外，不同贮料工况下的加速度响应也有差异，空仓工况下的加速度响应最大，半仓工况次之，满仓工况最小，表明随贮料的增加，加速度响应有所减小。

根据不同工况的 ABAQUS 有限元模型结果，对钢板仓模型不同高度的加速度响应进行研究。为了便于对比分析，定义加速度放大系数 β 为同一工况获取的绝对加速度最大值与模拟输入加速度最大值的比值。计算公式如下：

$$\beta=\frac{|\ddot{X}_{\max}|}{|\ddot{X}_{g}|_{\max}} \tag{9.2}$$

式中：$\ddot{X}_{\max}$——加速度响应绝对值最大值；

$\ddot{X}_{g}$——模拟输入加速度峰值。

定义地震波施加的方向为 x 轴正方向，对数据提取分析可以发现，同一高度钢板仓两侧的加速度响应几乎相同，选取同一高度 x 轴正向和负向加速度平均值作为该高度的加速度，求出加速度响应绝对值最大值($\ddot{X}_{\max}$)，最后通过计算得到图 9.8 中各关键节点的加速度放大系数，绘制出沿高度方向的加速度放大系数曲线图。

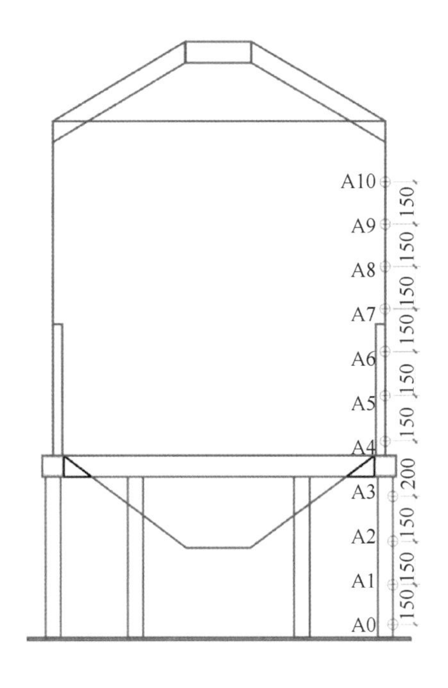

图 9.8　加速度分析选取的关键节点示意图

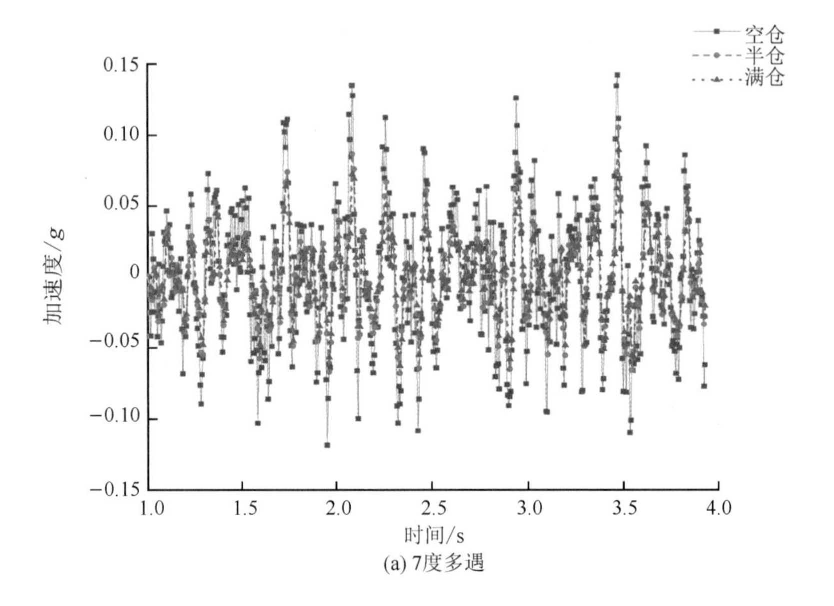
空仓
半仓
满仓
0.15
0.10
0.05
0
−0.05
−0.10
−0.15
加速度/g
1.0
1.5
2.0
2.5
3.0
3.5
4.0
时间/s
(a) 7度多遇

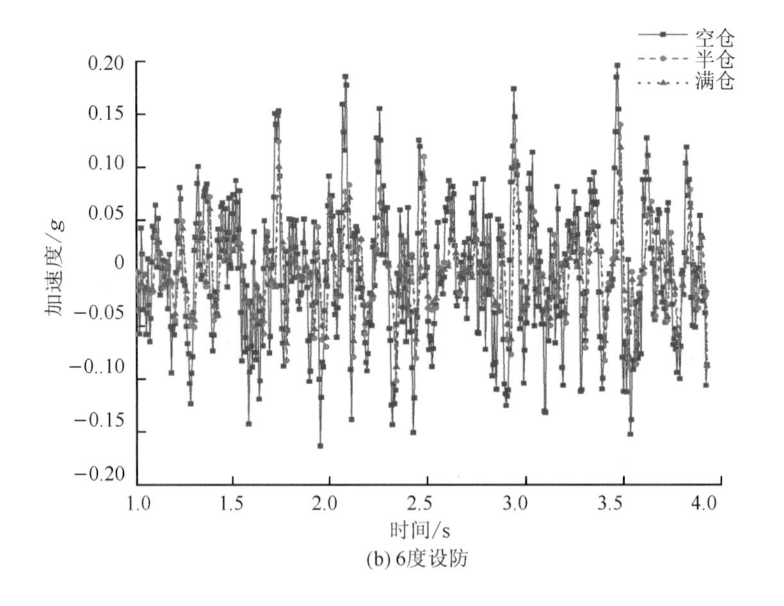
空仓
半仓
满仓
0.20
0.15
0.10
0.05
0
−0.05
−0..10
−0.15
−0.20
加速度/g
1.0
1.5
2.0
2.5
3.0
3.5
4.0
时间/s
(b) 6度设防

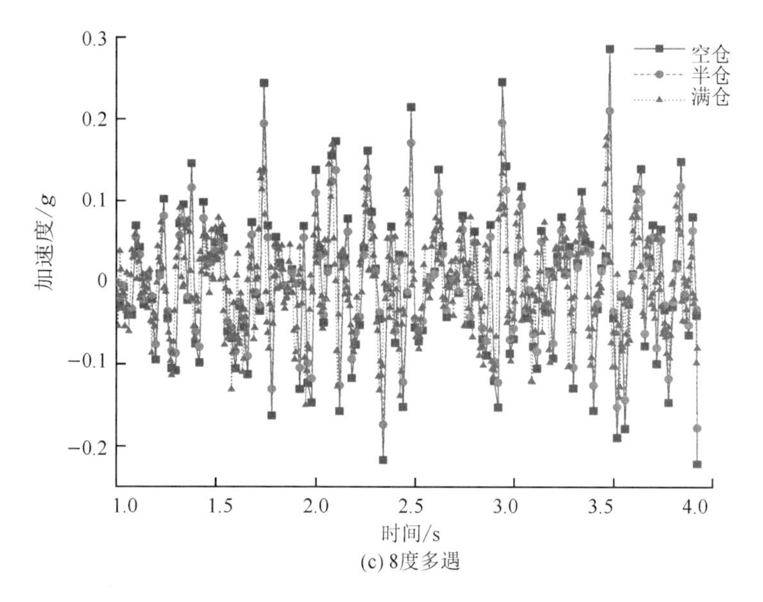
0.3
0.2
0.1
0
−0.1
−0.2
加速度/g
1.0
1.5
2.0
2.5
3.0
3.5
4.0
时间/s
空仓
半仓
满仓
(c) 8度多遇

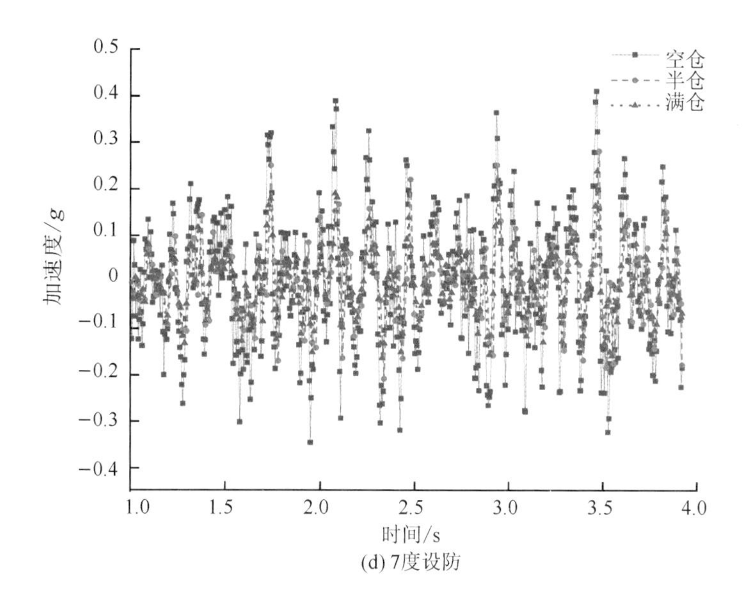
0.5
0.4
0.3
0.2
0.1
0
−0.1
−0.2
−0.3
−0.4
加速度/g
1.0
1.5
2.0
2.5
3.0
3.5
4.0
时间/s
空仓
半仓
满仓
(d) 7度设防

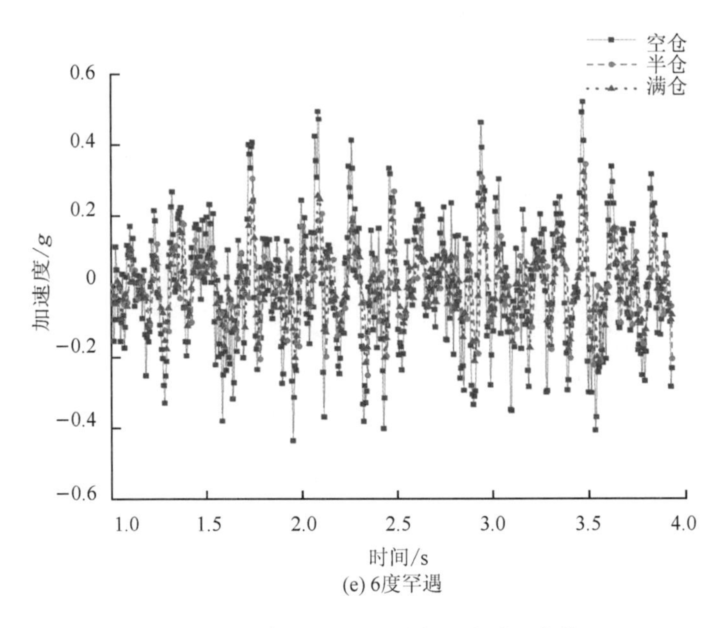

(e) 6度罕遇

图 9.9 不同工况下的地震加速度时程曲线

9.3.2 空仓工况下的加速度响应

将空仓工况下不同设防水准加速度时程曲线作用于钢板仓，获得地震作用下钢板仓关键节点的加速度峰值，计算关键节点加速度峰值与输入地震加速度峰值的比值，得到表 9.4 中的加速度放大系数，根据表 9.4 中数据绘制出加速度放大系数随钢板仓高度的变化曲线如图 9.10 所示。从图 9.10 可以看出，空仓工况时不同地震波作用下的加速度响应具有以下规律：

表 9.4 空仓工况时不同地震波作用下的加速度放大系数

(a) EL-Centro 波作用下

测点编号	测点高度/m	7 度多遇(0.079g)	6 度设防(0.112g)	8 度多遇(0.157g)	7 度设防(0.224g)	6 度罕遇(0.28g)
A0	0.05	1.038	1.021	1.039	1.021	1.021
A1	0.2	1.148	1.135	1.133	1.145	1.155
A2	0.35	1.197	1.192	1.19	1.184	1.184
A3	0.5	1.294	1.314	1.319	1.314	1.326
A4	0.7	1.49	1.512	1.539	1.551	1.578
A5	0.85	1.708	1.748	1.786	1.828	1.86
A6	1	1.984	2.051	2.133	2.215	2.215

续表

测点编号	测点高度 /m	7 度多遇 (0.079g)	6 度设防 (0.112g)	8 度多遇 (0.157g)	7 度设防 (0.224g)	6 度罕遇 (0.28g)
A7	1.15	2.293	2.386	2.447	2.529	2.628
A8	1.3	2.24	2.267	2.406	2.367	2.497
A9	1.45	2.237	2.28	2.351	2.38	2.438
A10	1.6	2.228	2.259	2.405	2.359	2.486

(b) 唐山波作用下

测点编号	测点高度 /m	7 度多遇 (0.079g)	6 度设防 (0.112g)	8 度多遇 (0.157g)	7 度设防 (0.224g)	6 度罕遇 (0.28g)
A0	0.05	1.042	1.033	1.038	1.024	1.019
A1	0.2	1.25	1.257	1.256	1.262	1.281
A2	0.35	1.372	1.36	1.361	1.361	1.354
A3	0.5	1.455	1.473	1.487	1.489	1.486
A4	0.7	1.603	1.609	1.617	1.618	1.625
A5	0.85	1.797	1.81	1.828	1.84	1.845
A6	1	2.037	2.088	2.136	2.183	2.219
A7	1.15	2.345	2.412	2.481	2.538	2.611
A8	1.3	2.304	2.347	2.432	2.446	2.525
A9	1.45	2.306	2.365	2.429	2.456	2.486
A10	1.6	2.32	2.373	2.478	2.473	2.508

(c) 人工波作用下

测点编号	测点高度 /m	7 度多遇 (0.079g)	6 度设防 (0.112g)	8 度多遇 (0.157g)	7 度设防 (0.224g)	6 度罕遇 (0.28g)
A0	0.05	1.046	1.044	1.036	1.026	1.016
A1	0.2	1.352	1.379	1.379	1.378	1.407
A2	0.35	1.547	1.527	1.532	1.537	1.524
A3	0.5	1.616	1.634	1.654	1.664	1.646
A4	0.7	1.716	1.705	1.695	1.685	1.672
A5	0.85	1.886	1.871	1.869	1.851	1.829
A6	1	2.089	2.124	2.14	2.152	2.224
A7	1.15	2.396	2.437	2.515	2.547	2.594

续表

测点编号	测点高度/m	7 度多遇(0.079g)	6 度设防(0.112g)	8 度多遇(0.157g)	7 度设防(0.224g)	6 度罕遇(0.28g)
A8	1.3	2.364	2.383	2.499	2.526	2.553
A9	1.45	2.376	2.353	2.507	2.533	2.533
A10	1.6	2.411	2.396	2.551	2.588	2.530

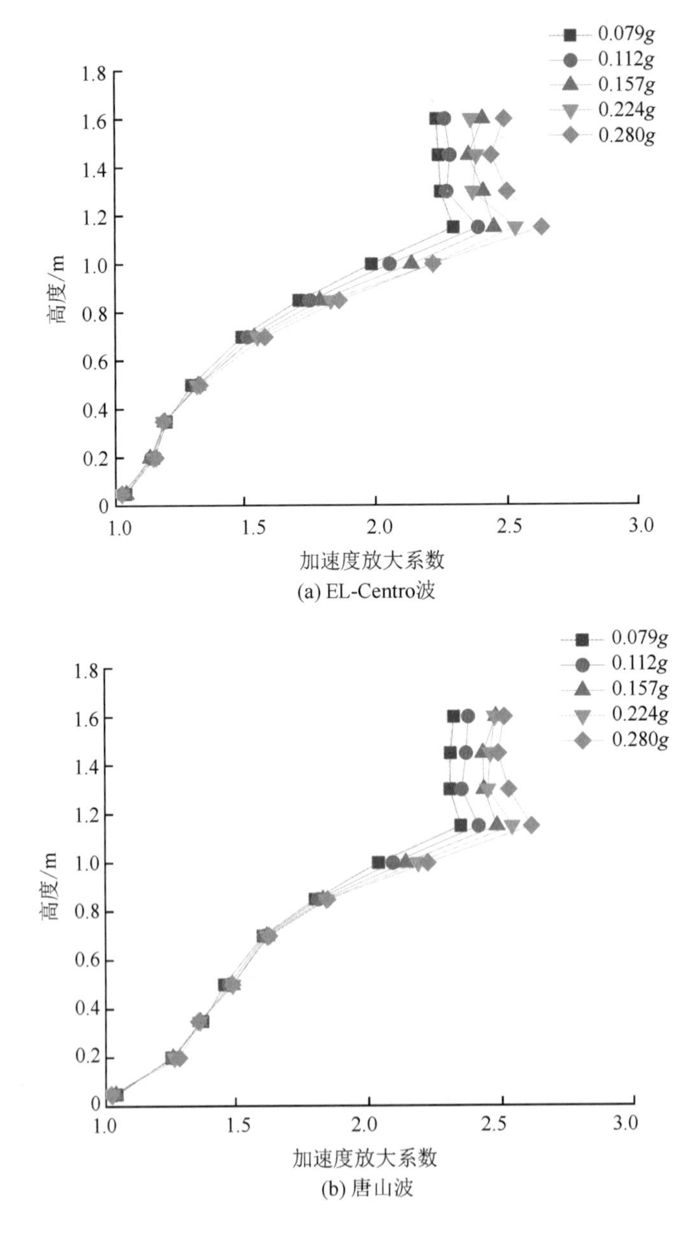

(a) EL-Centro波

(b) 唐山波

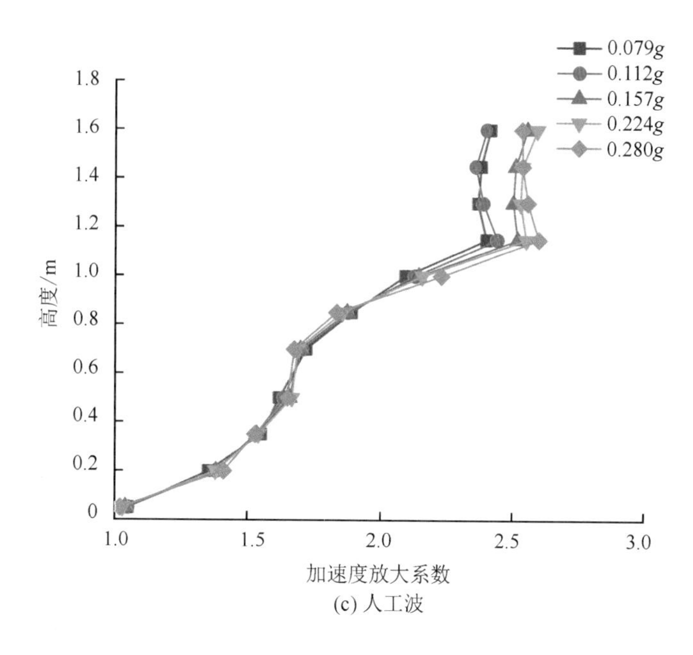

(c) 人工波

图 9.10　空仓工况时不同地震波作用下的加速度放大系数分布图

(1) 在不同地震波作用下加速度放大系数均大于 1，表明钢板仓地震作用下的加速度响应均大于输入地震波加速度峰值。

(2) 不同地震波作用下，在沿高度方向 1.1 m 以下部分，加速度放大系数均随高度的升高而增大，1.1 m 高度以上，加速度放大系数有所减小，最大值出现在 1.1 m 高度处。分析原因可以发现，高度为 1.1 m 的位置属于加劲肋顶部，其上部没有加劲肋支承，刚度较小，导致该处加速度放大系数突变，表明刚度对加速度放大系数有一定影响，主要表现在刚度越大，加速度放大系数越大。

(3) 在相同地震波不同设防水准条件下，沿钢板仓高度方向上的加速度放大系数底部基本相同，顶部略有差异，表明输入加速度峰值对加速度放大系数的影响不大，根据加速度放大系数定义可知，随着输入地震波峰值的增大，钢板仓不同高度的加速度相差逐渐增大；顶部加速度放大系数与输入加速度峰值有关，相同条件下，输入加速度峰值越大，顶部加速度放大系数越大。

(4) 分析不同地震波对加速度放大系数的影响可以发现，不同地震波作用下加速度放大系数的变化趋势有所不同，但总体都呈现先增大后减小的趋势，最大值在高度 1.1 m 处，且在输入加速度峰值相同情况下，最大值较为相近。

9.3.3 半仓工况下的加速度响应

依据空仓工况下的研究方法对半仓工况进行分析，得到半仓工况下不同地震波的加速度放大系数如表 9.5 所示，根据表 9.5 绘制的加速度放大系数沿高度方向变化曲线如图 9.11 所示。

从图 9.11 可以发现：半仓工况时不同地震波的加速度响应变化趋势与空仓工况较为相似，总体呈先增后减的趋势，最大值出现在高度 1.1 m 处，最小值出现在支承柱底部，且在不同地震波作用下最大值较为接近；相同地震波不同设防水准下，加速度放大系数在支承柱部分基本相同，在上部仓壁处有所差异，主要表现为输入加速度峰值越大，加速度放大系数越大，但相差并不明显；与空仓工况相比，主要差别在于空仓工况下加速度放大系数比半仓工况大的多。以 6 度罕遇为例，空仓工况下 EL-Centro 波、唐山波、人工波加速度放大系数最大值分别为 2.628、2.611、2.594，半仓工况下分别为 1.339、1.403、1.306，对比可以发现，3 种地震波在半仓工况下的加速度放大系数比空仓工况分别下降了 49.05%、46.27%、49.66%。

表 9.5 半仓工况时不同地震波作用下的加速度放大系数

(a) EL-Centro 波作用下

测点编号	测点高度 /m	7 度多遇 (0.079g)	6 度设防 (0.112g)	8 度多遇 (0.157g)	7 度设防 (0.224g)	6 度罕遇 (0.28g)
A0	0.05	1.014	1.014	1.014	1.012	1.01
A1	0.2	1.025	1.026	1.029	1.029	1.031
A2	0.35	1.042	1.047	1.046	1.048	1.051
A3	0.5	1.065	1.074	1.075	1.077	1.082
A4	0.7	1.12	1.126	1.127	1.132	1.141
A5	0.85	1.181	1.187	1.209	1.226	1.229
A6	1	1.251	1.257	1.276	1.302	1.306
A7	1.15	1.291	1.298	1.317	1.332	1.339
A8	1.3	1.287	1.297	1.312	1.318	1.332
A9	1.45	1.261	1.281	1.302	1.311	1.328
A10	1.6	1.248	1.282	1.302	1.319	1.332

(b) 唐山波作用下

测点编号	测点高度 /m	7 度多遇 (0.079g)	6 度设防 (0.112g)	8 度多遇 (0.157g)	7 度设防 (0.224g)	6 度罕遇 (0.28g)
A0	0.05	1.031	1.032	1.032	1.023	1.029
A1	0.2	1.133	1.138	1.138	1.138	1.138
A2	0.35	1.207	1.215	1.216	1.215	1.216
A3	0.5	1.261	1.269	1.272	1.273	1.279
A4	0.7	1.306	1.313	1.319	1.32	1.325
A5	0.85	1.328	1.339	1.347	1.349	1.358
A6	1	1.346	1.357	1.364	1.371	1.384
A7	1.15	1.364	1.369	1.378	1.389	1.403
A8	1.3	1.358	1.36	1.374	1.387	1.398
A9	1.45	1.348	1.34	1.36	1.38	1.39
A10	1.6	1.327	1.326	1.357	1.38	1.391

(c) 人工波作用下

测点编号	测点高度 /m	7 度多遇 (0.079g)	6 度设防 (0.112g)	8 度多遇 (0.157g)	7 度设防 (0.224g)	6 度罕遇 (0.28g)
A0	0.05	1.006	1.006	1.006	1.006	1.006
A1	0.2	1.049	1.046	1.048	1.05	1.052
A2	0.35	1.087	1.087	1.09	1.091	1.098
A3	0.5	1.124	1.124	1.125	1.137	1.143
A4	0.7	1.172	1.189	1.199	1.202	1.219
A5	0.85	1.218	1.246	1.259	1.263	1.286
A6	1	1.262	1.268	1.282	1.288	1.306
A7	1.15	1.276	1.267	1.28	1.282	1.302
A8	1.3	1.267	1.247	1.26	1.264	1.274
A9	1.45	1.268	1.244	1.254	1.262	1.274
A10	1.6	1.288	1.249	1.253	1.272	1.289

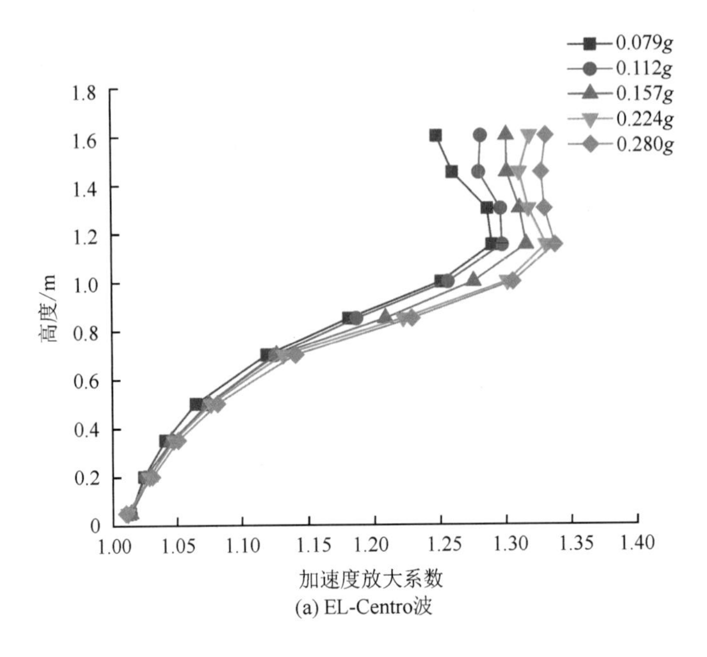

(a) EL-Centro波

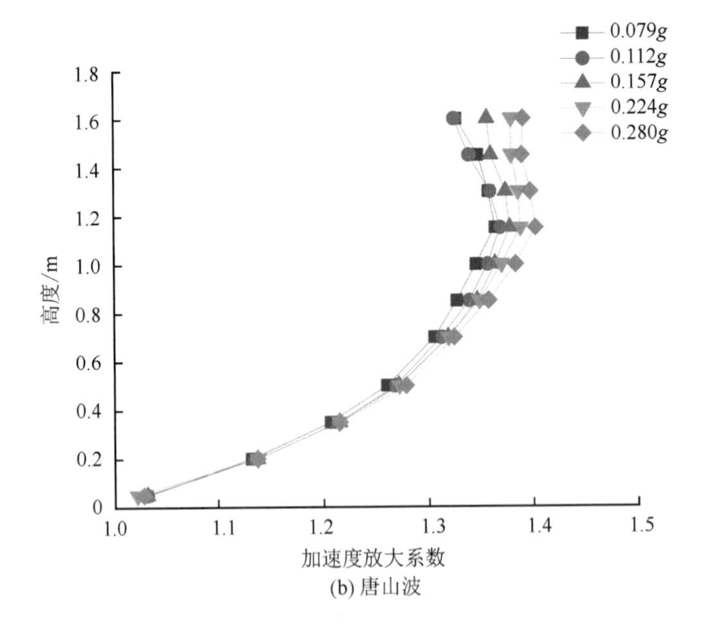

(b) 唐山波

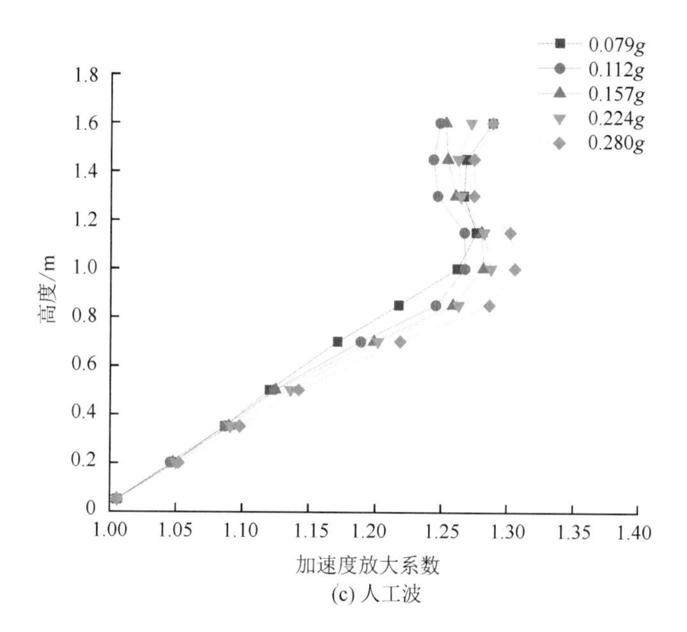

(c) 人工波

图 9.11　半仓工况时不同地震波作用下的加速度放大系数分布图

9.3.4　满仓工况下的加速度响应

表 9.6 为满仓工况下计算得出的加速度放大系数，根据表 9.6 绘制出不同地震波作用下的加速度放大系数分布如图 9.12 所示。

表 9.6　满仓工况时不同地震波作用下的加速度放大系数

(a) EL-Centro 波作用下

测点编号	测点高度/m	7 度多遇 (0.079g)	6 度设防 (0.112g)	8 度多遇 (0.157g)	7 度设防 (0.224g)	6 度罕遇 (0.28g)
A0	0.05	1.014	1.014	1.014	1.014	1.014
A1	0.2	1.018	1.019	1.019	1.019	1.019
A2	0.35	1.023	1.024	1.024	1.025	1.024
A3	0.5	1.03	1.031	1.031	1.034	1.032
A4	0.7	1.042	1.042	1.042	1.052	1.05
A5	0.85	1.058	1.058	1.059	1.07	1.065
A6	1	1.078	1.079	1.0797	1.093	1.091
A7	1.15	1.087	1.09	1.088	1.099	1.1
A8	1.3	1.085	1.085	1.087	1.096	1.099
A9	1.45	1.078	1.079	1.082	1.088	1.094
A10	1.6	1.071	1.075	1.08	1.082	1.092

(b) 唐山波作用下

测点编号	测点高度/m	7度多遇(0.079g)	6度设防(0.112g)	8度多遇(0.157g)	7度设防(0.224g)	6度罕遇(0.28g)
A0	0.05	1.012	1.012	1.011	1.012	1.008
A1	0.2	1.037	1.036	1.037	1.039	1.039
A2	0.35	1.064	1.064	1.066	1.068	1.068
A3	0.5	1.089	1.092	1.094	1.092	1.095
A4	0.7	1.116	1.117	1.121	1.123	1.127
A5	0.85	1.131	1.133	1.137	1.139	1.146
A6	1	1.145	1.147	1.153	1.156	1.162
A7	1.15	1.148	1.1508	1.157	1.163	1.169
A8	1.3	1.1408	1.142	1.154	1.16	1.168
A9	1.45	1.135	1.138	1.147	1.153	1.166
A10	1.6	1.129	1.136	1.144	1.154	1.169

(c) 人工波作用下

测点编号	测点高度/m	7度多遇(0.079g)	6度设防(0.112g)	8度多遇(0.157g)	7度设防(0.224g)	6度罕遇(0.28g)
A0	0.05	1.016	1.017	1.017	1.017	1.017
A1	0.2	1.044	1.045	1.045	1.047	1.048
A2	0.35	1.069	1.068	1.069	1.071	1.073
A3	0.5	1.089	1.089	1.091	1.092	1.096
A4	0.7	1.114	1.115	1.123	1.126	1.129
A5	0.85	1.124	1.128	1.135	1.134	1.138
A6	1	1.130	1.137	1.139	1.139	1.146
A7	1.15	1.132	1.139	1.143	1.142	1.152
A8	1.3	1.130	1.137	1.146	1.148	1.152
A9	1.45	1.122	1.135	1.143	1.141	1.147
A10	1.6	1.121	1.128	1.143	1.139	1.148

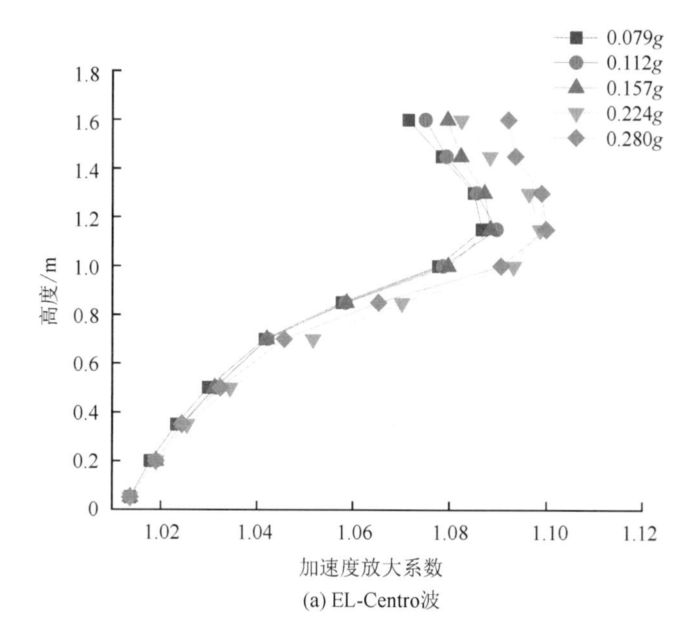

(a) EL-Centro波

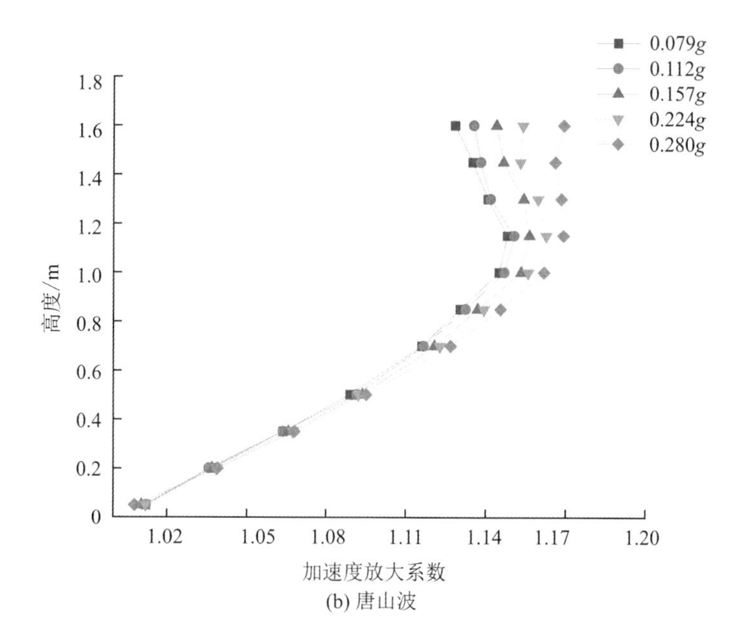

(b) 唐山波

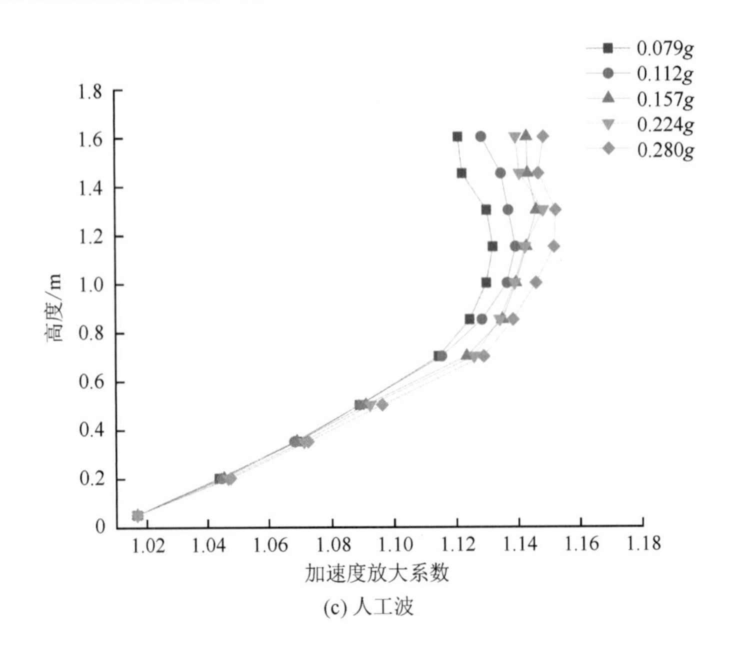

(c) 人工波

图 9.12 满仓工况时不同地震波作用下的加速度放大系数分布图

从图 9.12 可以看出，满仓工况时不同设防水准条件下支承柱部分的加速度放大系数基本相同，随高度的增加，加速度放大系数差别逐渐增大，在仓顶部分相差最大，主要表现为：

(1) 输入加速度峰值越大，加速度放大系数越大，表明地震作用下钢板仓的加速度随输入加速度峰值的增大而增大，不同高度处的加速度增大值以输入加速度峰值为基数成比例增大，不同设防水准条件下的增大比例也不同。

(2) 与空仓、半仓工况相同，加速度放大系数沿高度方向先增后减，最大值出现在高度 1.1 m 处，最小值在支承柱底，表明在地震作用下钢板仓结构支承柱加速度最小，沿高度方向加速度逐渐增大，由于加劲肋原因，在加劲肋顶部加速度达到最大值，随后逐渐下降。

(3) 对比空仓、半仓工况下的加速度放大系数变化趋势可以发现，沿高度方向模型加速度放大系数变化趋势较为接近，但数值相差较大。以 6 度罕遇为例，空仓工况时 EL-Centro 波、唐山波、人工波作用下加速度放大系数最大值分别为 2.628、2.611、2.594，半仓工况时 3 种地震波作用下加速度放大系数最大值分别为 1.339、1.403、1.306，满仓工况时 3 种地震波作用下加速度放大系数最大值分别为 1.1、1.17、1.15，对比可以发现，相同条件下加速度放大系数随贮料的增加而减小。

9.4 本章小结

本章通过分析不同抗震设防水准下钢板仓模型沿仓壁不同高度处的位移和加速度响应发现：

(1) EL-Centro 波、唐山波、人工波作用下各测点的最大相对位移有所差异，表明输入加速度峰值相同条件下，不同地震波对钢板仓模型位移响应有一定影响；在同等条件下，随着输入加速度峰值的增大，最大相对位移也增大，表明输入加速度峰值与钢板仓相对位移呈正相关；满仓工况比半仓和空仓工况的最大相对位移大，空仓工况的最大相对位移最小，表明随着贮料的增加，最大相对位移也有所增加。

(2) 钢板仓模型在地震作用下支承柱和仓壁动态加速度峰值均大于输入地震波时的加速度峰值；地震作用下钢板仓加速度随输入加速度峰值的增大而增大，不同高度处的加速度增大值以输入加速度峰值为基数成比例增大，不同设防水准条件下的增大比例也略有不同；相同条件下随着贮料的增加，加速度放大系数有所减小；此外，钢板仓刚度大的部位加速度放大系数较大。

参 考 文 献

[1] ROTTER J M. Advances in understanding shell buckling phenomena and their characterisation for practical design[M]. London：CRC Press，2016：2－15.

[2] 张义昆. 大型落地式钢筒仓结构破坏模式、原因分析及措施[C]//2016年第五届热电联产与煤电深度节能新技术研讨会论文集，南京，2016：74－80.

[3] 刘伟. 落地式钢筒仓的破坏模式研究[D]. 西安：西安建筑科技大学，2012.

[4] DOGANGUN A，KARACA Z，DURMUS A，et al. Cause of damage and failures in silo structures[J]. Journal of Performance of Constructed Facilities，2009，23(2)：65－71.

[5] TAPAN M，COMERT M，DEMIR C，et al. Failures of structures during the October 23，2011 Tabanli（Van）and November 9，2011 Edremit（Van）earthquakes in Turkey[J]. Engineering Failure Analysis，2013，34：606－628.

[6] BUCKLIN R A，THOMPSON S A，ROSS I J，et al. Apparent dynamic coefficient of friction of corn on galvanized steel bin wall material [J]. Transactions of the Asae，1993，36(6)：1915－1918.

[7] MOLENDA M，HORABIK J，ROSS I J. Wear-in effects on loads and flow in a smooth-wall bin[J]. Transactions of the ASAE，1996，39(1)：225－231.

[8] MOLENDA M，HORABIK J，BUCKLIN R A. Comparison of loads on smooth- and corrugated-wall model grain bins[J]. International Agrophysics，2001，15：95－100.

[9] 张炎圣，杨晓蒙，陆新征. 钢板筒仓侧壁压力的非线性有限元分析[J]. 工业建筑，2008，424：447－451.

[10] 周长东，郭坤鹏，孟令凯，等. 钢筋混凝土筒仓散料的静力相互作用分析[J]. 同济大学学报(自然科学版)，2015，43(11)：1656－1661，1669.

[11] 苏乐逍，赵霖，刘建秀. 粮食立筒仓弹性变形对卸料动压力的影响与计算[J]. 工程力学，1999 (06)：102－106，118.

[12] 俞良群，邢纪波. 筒仓装卸料时力场及流场的离散单元法模拟[J]. 农业工程学报，2000，16(04)：15－19.

[13] 杜明芳，刘起霞，蒋志娥，等. 储料的密度对立筒仓压力影响的颗粒流数值模拟[J]. 郑州工程学院学报，2004(03)：40－43.

[14] 张翀，舒赣平. 落地式钢筒仓卸料的模型试验研究[J]. 东南大学学报(自然科学版)，2009，39(03)：531－535.

[15] 段留省. 大直径浅圆钢筒仓卸料动态作用研究[D]. 西安：西安建筑科技大学，2011.

[16] 张大英，许启铿，王树明，等. 筒仓动态卸料过程侧压力模拟与验证[J]. 农业工程学报，2017，33(05)：272－278.

[17] 原方，崔秀琴，刘海林，等. 筒仓动态侧压力增大机理的试验研究[J]. 实验力学，2020，35(03)：532－538.

[18] 吴承霞，徐志军，庞照昆，等. 基于不同贮料的筒仓侧压力试验与数值模拟[J]. 工业建筑，2021，51(8)：68－73.

[19] 冯永，刘宇，潘樊. 基于球单元组合颗粒模型的筒仓卸粮速度场演化机理研究[J]. 应用力学学报，2021，38(04)：1559－1566.

[20] MARTÍNEZ M A，ALFARO I M，DOBLARÉ M. Simulation of axisymmetric discharging in metallic silos. Analysis of the induced pressure distribution and comparison with different standards[J]. Engineering Structures，2002，24(12)：1561－1574.

[21] 苏乐逍. 立筒仓卸料结拱弹性变形及其对仓壁压力的影响[J]. 郑州粮食学院学报，1997，18(4)：57－61.

[22] 刘定华，魏宜华. 钢筋混凝土筒仓侧压力的计算与测试[J]. 建筑科学，1998，14(4)：14－19.

[23] 张家康，黄文萃. 筒仓贮料压力计算理论与方法[J]. 土木工程学报，2000，33(5)：24－29.

[24] KHELIL A，BELHOUCHET Z，ROTH J C. Analysis of elastic behavior of

steel shell subjected to silo loads[J]. Journal of Constructional Steel Research, 2001, 57(9): 959 - 969.

[25] 刘定华. 钢筋混凝土筒仓动态压力的计算[J]. 西安建筑科技大学学报, 1994, 26(4): 349 - 354.

[26] 刘定华. 筒中筒仓仓壁侧压力的研讨[J]. 建筑科学, 1994, 4: 17 - 20, 26.

[27] 屠居贤. 模型筒仓卸料试验和仓壁压力计算[J]. 烟台大学学报(自然科学与工程版), 1998, 11(3): 212 - 217.

[28] BROWN C J, LAHLOUH E H, ROTTER J M. Experiments on a square planform steel silo[J]. Chemical Engineering Science, 2000, 55(20): 4399 - 4413.

[29] 张家康, 黄文萃, 姜涛, 等. 筒仓贮料侧压力系数研究[J]. 建筑结构学报, 1999, 20(1): 71 - 74.

[30] ZHONG Z, OOI J Y, ROTTER J M. The sensitivity of silo flow and wall stresses to filling method[J]. Engineering Structures, 2001, 23(7): 756 - 767.

[31] ROTTER J M, BROWN C J, LAHLOUH E H. Patterns of wall pressure on filling a square planform steel silo[J]. Engineering Structures, 2002, 24(2): 135 - 150.

[32] GUAITA M, COUTO A, AYUGA F. Numerical simulation of wall pressure during discharge of granular material from cylindrical silos with eccentric hoppers [J]. Biosystem Engineering, 2003, 85(1), 101 - 109.

[33] 曾丁, 郝保红, 黄文彬. 筒仓静态壁压的有限元分析[J]. 中国粉体技术, 2000, 6(5): 6 - 11.

[34] BROWN C J, GOODEY R J, ROTTER J M. Rectangular steel silos: finite element predictions of filling wall pressures [J]. Engineering Structures, 2017, 132(1): 61 - 69.

[35] TEJCHMAN J, UMMENHOFER T. Bedding effects in bulk solids in silos: experiments and a polar hypoplastic approach [J]. Thin-Walled Structures, 2000, 37: 333 - 361.

[36] BRIASSOULIS D. Finite element analysis of a cylindrical silo shell under unsymmetrical pressure distributions [J]. Computers and Structures, 2000,

78(1/2/3)：271－281.

[37] NILAWARD T. Analysis of bulk-solid pressures in silos by explicit finite element method[D]. West Lafayette：Purdue University. 2001.

[38] 梁醒培，杨伯源，王西院. 深筒仓动态压力数值模拟[J]. 合肥工业大学学报(自然科学版)，2008，31(3)：427－429.

[39] 黄义，尹冠生. 考虑散粒体与仓壁相互作用时筒仓的动力计算[J]. 空间结构，2002，8(1)：3－10.

[40] WENSRICH C. Experimental behavior of quaking in tall silos[J]. Powder Technology，2002，127(1)：87－94.

[41] WENSRICH R C M. Flow dynamics or ‘quaking’ in gravity discharge from silos [J]. Chemical Engineering Science，2002，57(2)：295－305.

[42] JENIKE A W. A theory of flow of particulate solids in converging and diverging channels based on a conical yield function[J]. Power Technology，1987，50(3)：229－236.

[43] WANG P J，ZHU L，ZHU X L. Flow pattern and normal pressure distribution in flat bottom silo discharged using wall outlet [J]. Powder Technology，2016，295：104－114.

[44] GALLEGO E，RUIZ A，AGUADO P J. Simulation of silo filling and discharge using ANSYS and comparison with experimental data[J]. Computers and Electronics in Agriculture，2015，118：281－289.

[45] BROWN C J，LAHLOUH E H，ROTTER J M. Experiments on a square planform steel silo[J]. Chemical Engineering Science，2000，55(20)：4399－4413.

[46] NILAWARD T. Analysis of bulk-solid pressures in silos by explicit finite element method[D]. West Lafayette：Purdue University，2001.

[47] TANG J，LU H F，GUO X L，et al. Static wall pressure distribution characteristics in horizontal silos[J]. Powder Technology，2021，393：342－348.

[48] 梁醒培，王辉. 应用有限元分析[M]. 北京：清华大学出版社，2010.

[49] BELYTSCHKO T，LIU W K，MORAN B. 连续体和结构的非线性有限元[M]. 庄茁，译. 北京：清华大学出版社，2002.

[50] 孙训方，方孝淑，关来泰，等. 材料力学[M]. 6 版. 北京：高等教育出版社，2019.

[51] 马越，杨红霞，郭生栋，等. 复杂温度场对钢筒仓静态侧压力影响的研究[J]. 空间结构，2020，26(3)：90－96.